ベイズ統計の理論と方法

渡辺 澄夫 著

コロナ社

まえがき

　本書の目的は，ベイズ統計の理論と方法について基礎的な事柄を解説することである。

　ベイズ推測は統計学において重要な方法の一つであり広く応用され優れた実用性をもっているにもかかわらず，大学あるいは大学院において必ずしも十分に詳しい講義が行われてはいないように思われる。このため，実務の中で必要になってから生じる種々の疑問について，それが基礎的なものであればあるほど問いかけるあてもないという状況ではないだろうか。

　そこで本書ではベイズ推測に関して，あまりにも当然過ぎるために普段は説明がなされていないことや，多くの人が疑問に思いながらも通り過ぎてしまうことについて解説を行う。また，やさしい計算であるからという理由でその前提が成り立たない場合にも誤って応用されてきた理論の限界を述べ，反対に数学教室以外では習わない数理が必要になるという理由で実用上でも大切であるにもかかわらず知られていなかった一般的な法則を明らかにする。

　ベイズ推測を用いて構造をもつ推論システムを解析し構築するという課題は今日の科学と技術の中でますます重要度を増しているが，その発展が実り多いものとなるためには，高度化し複雑化していくものを支えることができる確かな基盤が必要である。大きな樹には大きな根の広がりが不可欠である。学問が発展すればするほど「確かに拠って立つことができる場所」の上にそれが築かれていなくてはならないからである。

　本書を読むのに必要となる予備知識は，大学初年度に習う線形代数と微分積分だけで十分であり，初等確率論をまだ学んでいない読者は最後の章を確認しながら読み進めていただきたい。また，ベイズ統計の理論と方法をつくるためには線形代数・微分積分・初等確率論には含まれていない基礎数学も必要にな

るが，そのような場所においては重要な概念について初等的に理解できるように導入部分を加えている。自然科学・人文社会科学・情報科学の課題に挑む読者にとって本書が基礎となることを願っている。

2012 年 2 月

渡辺 澄夫

目 次

1. はじめに

1.1 ベイズ推測の定義 ……………………………………………………… 1
1.2 考察される量 …………………………………………………………… 7
   1.2.1 分配関数と自由エネルギー ……………………………………… 7
   1.2.2 推測と汎化 ………………………………………………………… 9
   1.2.3 計算できる例 ……………………………………………………… 11
1.3 さまざまな推測方法 …………………………………………………… 16
1.4 事後分布の例 …………………………………………………………… 18
1.5 確率モデルの例 ………………………………………………………… 22
   1.5.1 確率モデルがわかっている場合 ………………………………… 22
   1.5.2 確率モデルが仮のものである場合 ……………………………… 23
1.6 本書の概略 ……………………………………………………………… 24
1.7 一般的注意 ……………………………………………………………… 25
   1.7.1 本書の厳密性について …………………………………………… 25
   1.7.2 表記法 ……………………………………………………………… 26
1.8 質問と回答 ……………………………………………………………… 28
章末問題 ……………………………………………………………………… 29

2. 基礎概念

2.1 真の分布と確率モデルの関係 ………………………………………… 30

目次

- 2.2 理論の基礎 40
  - 2.2.1 基礎概念 40
  - 2.2.2 正規化された変量 41
  - 2.2.3 キュムラントと母関数 44
- 2.3 ベイズ統計理論の構造 49
- 2.4 質問と回答 50
- 章末問題 51

3. 正則理論

- 3.1 基礎数学の公式 53
  - 3.1.1 転置行列, トレース, 行列式 53
  - 3.1.2 対称行列, 固有値, 正定値行列 55
  - 3.1.3 積分公式 56
  - 3.1.4 平均値の定理 57
- 3.2 分配関数の挙動 58
  - 3.2.1 準備 59
  - 3.2.2 分配関数の非主要項 61
  - 3.2.3 分配関数の主要項 62
- 3.3 スケーリング 67
- 3.4 汎化損失と経験損失 69
- 3.5 事後確率最大化法 72
  - 3.5.1 推定量の漸近分布 72
  - 3.5.2 汎化誤差と経験誤差 75
- 3.6 サンプルから計算する方法 76
  - 3.6.1 自由エネルギー 77
  - 3.6.2 汎化損失と経験損失 78

3.7 質 問 と 回 答 ………………………………………………… 84
章 末 問 題 ………………………………………………………… 86

4. 一 般 理 論

4.1 多 様 体 ………………………………………………………… 88
4.2 標 準 形 ………………………………………………………… 91
　4.2.1 特異点解消定理 ………………………………………… 91
　4.2.2 標 準 形 ………………………………………… 97
4.3 状態密度の挙動 ………………………………………………… 100
　4.3.1 超 関 数 ………………………………………… 100
　4.3.2 状態密度関数 ………………………………………… 103
4.4 統計的推測の一般理論 ………………………………………… 110
　4.4.1 分 配 関 数 ………………………………………… 110
　4.4.2 繰り込まれた事後分布 ………………………………… 112
4.5 相 転 移 ………………………………………………………… 121
4.6 事後確率最大化法 ……………………………………………… 125
　4.6.1 平均プラグイン法 ……………………………………… 125
　4.6.2 事後確率最大化法 ……………………………………… 125
4.7 質 問 と 回 答 ………………………………………………… 131
章 末 問 題 ………………………………………………………… 134

5. 事後分布の実現

5.1 マルコフ連鎖モンテカルロ法 ………………………………… 135
　5.1.1 メトロポリス法 ………………………………………… 137
　5.1.2 ギブス・サンプリング ………………………………… 141

5.1.3　ランジュバン方程式を用いる方法 ……………………………… *143*
　　5.1.4　自由エネルギーの近似 ……………………………………………… *145*
5.2　平 均 場 近 似 ………………………………………………………………… *148*
　　5.2.1　平均場近似とは ……………………………………………………… *148*
　　5.2.2　変 分 ベ イ ズ 法 ……………………………………………………… *153*
5.3　質 問 と 回 答 ………………………………………………………………… *161*
章 末 問 題 ………………………………………………………………………… *162*

6.　ベイズ統計学の諸問題

6.1　回 帰 問 題 ………………………………………………………………… *163*
6.2　モデルの評価 ……………………………………………………………… *168*
　　6.2.1　評 価 の 規 準 …………………………………………………………… *168*
　　6.2.2　バイアスとバリアンス ……………………………………………… *169*
　　6.2.3　偏差情報量規準 ……………………………………………………… *171*
6.3　クロスバリデーション ………………………………………………… *176*
6.4　統 計 的 検 定 ……………………………………………………………… *182*
　　6.4.1　ベ イ ズ 検 定 …………………………………………………………… *182*
　　6.4.2　ベイズ検定の例 ……………………………………………………… *186*
6.5　質 問 と 回 答 ……………………………………………………………… *189*
章 末 問 題 ………………………………………………………………………… *191*

7.　ベイズ統計の基礎

7.1　確率モデルと事前分布がわかっているとき ……………………… *192*
7.2　確率モデルあるいは事前分布がわかっていないとき …………… *194*
7.3　確率モデルと事前分布 ………………………………………………… *198*

 7.3.1　指数型分布について ………………………………… *198*
 7.3.2　線形回帰モデル ………………………………………… *199*
 7.3.3　構造をもつ確率モデル ………………………………… *199*
 7.3.4　ハイパーパラメータの最適化 ………………………… *200*
7.4　質　問　と　回　答 ……………………………………………… *201*
章　末　問　題 ………………………………………………………… *202*

8.　初等確率論の基礎

8.1　確率分布と確率変数 ……………………………………………… *203*
8.2　平　均　と　分　散 ……………………………………………… *205*
8.3　同時分布と条件付き確率 ………………………………………… *206*
8.4　カルバック・ライブラ情報量 …………………………………… *208*
8.5　極　限　定　理 …………………………………………………… *209*
 8.5.1　確率変数の収束 ………………………………………… *209*
 8.5.2　大数の法則と中心極限定理 …………………………… *209*
 8.5.3　経　験　過　程 ………………………………………… *210*

引用・参考文献 ………………………………………………………… *213*
章末問題解答 …………………………………………………………… *215*
索　　　　　引 ………………………………………………………… *224*

1 はじめに

1章では，ベイズ推測を定義し，本書で述べることのあらましを述べる。ベイズ推測についてすでに学んでいて多くの疑問や問いかけを抱いている読者も，とりあえず1章では本書におけるベイズ推測の定義を確認し，本書の全体の構造を眺めていただきたい。

本書で必要になる初等確率論については8章にまとめてある。初等確率論，例えば「条件付き確率」や「カルバック・ライブラ情報量」などについて初めて出会った読者は本書を読み始める前に，8章を確認していただきたい。なお，自然科学や科学技術の領域では「確率分布」という言葉で確率分布だけでなく確率密度関数をも表すことが多いので，本書でも同じ定義を用いることにする。

1.1 ベイズ推測の定義

まずベイズ推測を定義する。

N と n を自然数とする。N 次元実ユークリッド空間 $\mathbb{R}^N$ 上に n 個の点の集合 $x_1, x_2, ..., x_n$ がある場合を考える。

$$x_i \in \mathbb{R}^N \qquad (i = 1, 2, 3, ..., n) \tag{1.1}$$

である。これらの n 個の点の集合を**サンプル**と呼ぶ。n 個のサンプルを一つの記号で表すとき

$$x^n = (x_1, x_2, ..., x_n) \tag{1.2}$$

という記号を用いる。すなわち

$$x^n = (x_1, x_2, ..., x_n) \in \mathbb{R}^N \times \mathbb{R}^N \times \cdots \times \mathbb{R}^N \tag{1.3}$$

である。サンプル $x_1, x_2, ..., x_n$ が，ある確率分布 $q(x)$ に独立に従う確率変数の実現値であるとしよう。すなわち x^n を，$(\mathbb{R}^N)^n$ 上の分布

$$q(x^n) = \prod_{i=1}^{n} q(x_i) = q(x_1)q(x_2)\cdots q(x_n) \tag{1.4}$$

をもつ確率変数

$$X^n = (X_1, X_2, ..., X_n)$$

の実現値であると考える。この $q(x)$ を**真の分布**と呼ぶ。現実の問題では，真の分布は不明であって，サンプルだけが与えられることが多い。与えられたサンプルから真の分布を推測することを**統計的推測**あるいは**統計的学習**という。統計的推測によって得られる結果はサンプルに依存して確率的に変動するから，その性質を解明するためには確率的な挙動を調べなくてはならない。そこで以下では，サンプルを確率変数であると考え，確率的に変動するものに対する統計的推測を定義する。

注意 1 現実の問題においては数値データとして x^n が与えられるだけであり，確率変数 X^n が与えられるのではない。もしもサンプルを確率変数の実現値であると考えなければ，確率的な推論を行うことはできない。しかしながらサンプルを確率変数の実現値だと考えることにより，統計的推測において成り立つ一般的な法則を導出することができ，その法則の中にワンセットの実現値 x^n を捉えることにより構造的な視点からサンプルを考察することができるようになる。

注意 2 サンプルから真の分布を推測することを統計学では統計的推測といい，情報科学では統計的学習という。この二つは歴史的な起源は必ずしも同じではないが，今日では両者はまったく同一のものとなっている。

サンプルを表す確率変数を X^n とする。その関数

$$f(X^n) = f(X_1, X_2, ..., X_n)$$

が与えられたとき，平均値をとる操作 $\mathbb{E}[\ ]$ を

$$\mathbb{E}[f(X^n)] = \int\int\cdots\int f(x_1, x_2, ..., x_n)\prod_{i=1}^{n} q(x_i)dx_i$$

と表記する。この平均値 $\mathbb{E}[\ ]$ を「サンプルの現れ方に対する平均値」と呼ぶ。統計的推測においては，サンプル X^n を用いて推測を行った後，同じ真の分布 $q(x)$ から，サンプル X^n とは独立な確率変数 X を発生させて推測結果のよさを評価したいことがある。この確率変数 X の関数 $f(X)$ についての平均を

$$\mathbb{E}_X[f(X)] = \int f(x)q(x)dx$$

と表記する。

さて，真の分布を推測するときに人間が準備するものを考える。ベイズ推測においては，パラメータ $w \in W \subset \mathbb{R}^d$ が与えられたときの $x \in \mathbb{R}^N$ の上の条件付き確率分布 $p(x|w)$ と $w \in W$ 上の確率分布 $\varphi(w)$ とが必要である。このとき $p(x|w)$ を**確率モデル**といい，$\varphi(w)$ を**事前分布**という。

統計的推測が行われる一般的な状況では，真の分布 $q(x)$ は不明であるから，確率モデル $p(x|w)$ と事前分布 $\varphi(w)$ が真の分布の推測において適切であるかどうかは不明であることが多い。サンプルだけが与えられたとき，真の分布が不明であるにもかかわらず，確率モデルと事前分布をどのように設計したらよいか，設計された確率モデルと事前分布はどの程度に適切であるといえるか，という課題は重要な課題であるが，そうしたことについては，順を追って考察していくことにし，ここでは，ひとまず任意の三つ組 $(q(x), p(x|w), \varphi(w))$ が与えられていると考えることにする。すなわち，確率モデルは真の分布に対して適切でなくてもよいし，事前分布も事前の確率を表しているものでなくてもよい。

定数 β を $0 < \beta < \infty$ 満たす実数とし，これを**逆温度**と呼ぶ。パラメータ w の逆温度 β の**事後分布**を

$$p(w|X^n) = \frac{1}{Z_n(\beta)} \varphi(w) \prod_{i=1}^{n} p(X_i|w)^\beta \tag{1.5}$$

と定義する。ここで $Z_n(\beta)$ は事後分布の $w \in W$ に関する積分が 1 になるように定めた定数である。すなわち

$$Z_n(\beta) = \int_W \varphi(w) \prod_{i=1}^{n} p(X_i|w)^\beta dw \tag{1.6}$$

である。この値 $Z_n(\beta)$ を**分配関数**という。$\beta = 1$ のとき，$Z_n(1)$ を**周辺尤度**という。分配関数はサンプル X^n に依存して確率的に変動するから確率変数である。

注意 3　「条件付き確率分布」という概念に初めて出会った読者は，8.3 節を確認していただきたい。もしも事前分布がパラメータの本当の事前確率であり，確率モデルがパラメータが与えられたときの X の本当の条件付き確率分布を表しているときには，$\beta = 1$ のときの事後分布はサンプルが観測されたという下でのパラメータの本当の条件付き確率分布である。しかしながら，本書においては，確率モデル $p(x|w)$ は真の分布に対して適切であることを仮定しないし，事前分布 $\varphi(w)$ もパラメータの本当の事前の確率であることを仮定しない。したがって事後分布も，サンプルが得られたときのパラメータの本当の条件付き確率分布とはかぎらない。ここでは事後分布というものを上記のように定義したのであって，真の事後分布を導出したのではないことに注意していただきたい。こうした状況では，事後分布は人間が定めたものであるにすぎず，無条件に正しいと信じられるものではないのである。

注意 4　本書では，事後分布は一般の逆温度 β を用いて定義する。ベイズ統計学においては，$\beta = 1$ の場合が特別に重要であり，通常の本や論文で「事後分布」あるいは「ベイズ推測」という言葉が用いられる場合には $\beta = 1$ の場合だけを意味していることが多い。本書においても $\beta = 1$ の場合が最も重要である。しかしながら，これから考察していくように，一般の $\beta \neq 1$ の場合に生じる現象もベイズ統計の理論と方法を考えるうえで大切であるので，本書では一般の

β の場合も考える。β についての制限が書いてない場合には一般の β を想定しているという意味であり，$\beta = 1$ の場合だけを考えているときには「$\beta = 1$ の場合は」という条件を明記する。

パラメータ w の関数 $f(w)$ が与えられたとき，事後分布 $p(w|X^n)$ による平均を

$$\mathbb{E}_w[f(w)] = \int f(w)p(w|X^n)dw \tag{1.7}$$

と表記する。すなわち $\mathbb{E}_w[\ ]$ は事後分布に関する平均値を求める操作を表すこととする。平均値 $\mathbb{E}_w[f(w)]$ はパラメータについての積分を計算しているのでパラメータの関数ではない。しかしながら，$\mathbb{E}_w[\ ]$ は，サンプル X^n の値に依存する事後分布で平均を行うことを表しているのであって，平均値 $\mathbb{E}_w[f(w)]$ はサンプル X^n の変動に伴って変動する。すなわち $\mathbb{E}_w[f(w)]$ は確率変数である。

事後分布によって確率モデル $p(x|w)$ を平均したもの

$$p^*(x) = \mathbb{E}_w[p(x|w)] = \int p(x|w)p(w|X^n)dw \tag{1.8}$$

を**予測分布**という。これを

$$p^*(x) = p(x|X^n) \tag{1.9}$$

と書く場合もある。ベイズ推測とは

「真の確率分布 $q(x)$ は，おおよそ $p^*(x)$ であろう」

と推測することである。予測分布 $p^*(x)$ もまた，サンプル X^n に応じて確率的に変動する。

確率モデルも事前分布も真の分布を知らない人間が定めたものであるから，予測分布 $p^*(x)$ もまた人間が定めたものである。これは，あくまでも人間の推測であるうえにサンプルの確率的な変動もあるのであるから，真の分布 $q(x)$ と

ぴったりと一致することはほとんどないであろう.しかしながら,$q(x)$ に対して組 (p,φ) が適切であり,サンプルの個数 n が多ければ,この推測はある程度よい推測ではないかと期待される.もしも組 (p,φ) が適切でなければ,予測分布は真の分布から大きくずれているであろう.それでは,予測分布は,どのような条件の下で,どのくらいよい推定になっているのだろうか.真の分布が不明であるにもかかわらず,サンプルだけから予測分布の推測の精度を知ることができるのだろうか.

本書ではベイズ推測について,つぎの問題を考えていく.
1. 予測分布 $p^*(x)$ は,真の分布 $q(x)$ とどのくらい似ているか.
2. できるだけ推測 $p^*(x)$ が真の分布 $q(x)$ と似ているようにするためには,どうするべきか.
3. これらの問題を考えるために拠って立つことができる数学的構造をつくりたい.

注意 5 現実の問題ではサンプル X^n の実現値が偶然の結果として与えられるだけであり,真の分布はわからない.したがって,人間が用意した確率モデルと事前分布が真の分布に対して適切であるかどうかはわからない.これより,推測の結果として得られる予測分布も,真の分布をよく推測しているかどうかわからない.現実の世界の中の統計的推測とは「わからないことを前提として推論を行い,わからない結論に到達する」という

$$わからない \to 推論 \to わからない \to \cdots \tag{1.10}$$

の繰返しにすぎないのではないか,と感じる人もあることだろう.

そこには信頼するに足りる基盤があるのだろうか.

本書では,つぎのことを述べていく.統計的推測においては,三組(真の分布・確率モデル・事前分布)に依存しない数学的な法則が存在する.この法則は,確率モデルと事前分布が真の分布に対して適切であってもなくても成立するものであり,事後分布が正規分布で近似できてもできなくても成立するものである.この法則のうえに立つことにより,真の分布についての前提を設定し

なくても，確率モデルと事前分布が考察している問題においてどのくらい適切であるかについて数量的に評価することができる。

もちろん，現実世界の中における有限個のサンプルに基づく推測はその精度に限界や誤差があり，真の分布が完全に特定されるということは起こり得ない。しかしながら，与えられたサンプルと与えられた確率モデル・事前分布を用いて統計的推測を行ったとき，その限界や誤差について私たちは知ることができる。統計的推測において，どのような誤差があるのか，どのような限界があるのか，について知ることは，「わからない → 推論 → わからない → ⋯」の繰返しの中にあった私たちに，拠って立つことができる場所を与えてくれるものなのである。

1.2　考察される量

ベイズ推測では，サンプル X^n，確率モデル $p(x|w)$，事前分布 $\varphi(w)$ から定義される予測分布を用いて統計的推測が行われる。【統計的推測という確率的な現象】を測定するために，どのような量を考察したらよいのだろうか。ベイズ推測においては自由エネルギーと汎化誤差が最も重要な量である。

1.2.1　分配関数と自由エネルギー

まず分配関数と自由エネルギーの性質について述べる。

分配関数の $\beta = 1$ における値 $Z_n(1)$ は X^n の関数であるが X^n について積分すると 1 になる。実際，任意の $p(x|w)$ と $\varphi(w)$ について

$$\int dx_1 \int dx_2 \cdots \int dx_n \, Z_n(1)$$
$$= \int dx_1 \int dx_2 \cdots \int dx_n \Big(\int \varphi(w)dw \prod_{i=1}^{n} p(x_i|w)\Big)$$
$$= \int \varphi(w)dw \Big(\int dx_1 \int dx_2 \cdots \int dx_n \prod_{i=1}^{n} p(x_i|w)\Big)$$

$$= \int \varphi(w)dw \prod_{i=1}^{n} \Big(\int dx_i p(x_i|w)\Big) = 1$$

が成り立つ。X の確率分布が $q(x)$ であるから X^n の真の分布は

$$q(X^n) = \prod_{i=1}^{n} q(X_i) \tag{1.11}$$

であるが，一方，$Z_n(1)$ は確率モデルと事前分布から推測された X^n の確率分布である。このことを明記したいときには $Z_n(1)$ のことを $p(X^n)$ と書く。

$$p(X^n) = \int \varphi(w) \prod_{i=1}^{n} p(X_i|w) dw. \tag{1.12}$$

さて，分配関数から定義される

$$F_n(\beta) = -\frac{1}{\beta} \log Z_n(\beta) \tag{1.13}$$

のことを**自由エネルギー**という。$\beta = 1$ のとき，自由エネルギーは**対数周辺尤度**

$$\log Z_n(1) \tag{1.14}$$

の符号反転である。

　自由エネルギーは，ベイズ統計学において重要な量である。なぜ重要であるのかを説明しよう。真の分布 $q(x)$ の**エントロピー** S を

$$S = -\int q(x) \log q(x) dx \tag{1.15}$$

と定義する。またサンプル X^n に対して定義される経験エントロピーを

$$S_n = -\frac{1}{n} \sum_{i=1}^{n} \log q(X_i) \tag{1.16}$$

と定義する。定義から

$$\mathbb{E}[S_n] = S \tag{1.17}$$

である。また，定義から

$$F_n(1) = nS_n + \log \frac{q(X^n)}{p(X^n)} \tag{1.18}$$

である。これの X^n の現れ方に関する平均 $\mathbb{E}[\ ]$ をとると

$$\mathbb{E}[F_n(1)] = nS + \int q(x^n) \log \frac{q(x^n)}{p(x^n)} dx^n \tag{1.19}$$

が成り立つ。この式の右辺第1項の nS は真の分布のエントロピーであり，確率モデルと事前分布に依存しない。右辺第2項は，$q(x^n)$ と $p(x^n)$ のカルバック・ライブラ距離 (8.4節参照) である。右辺第2項はつねに非負であり，零になるのは $q(x^n) = p(x^n)$ のときに限る。したがって，$F_n(1)$ が小さいほど推測された分布 $p(x^n)$ が真の分布 $q(x^n)$ を平均的によく近似していると考えることができる。

もちろん，実問題で算出することができるのは $F_n(1)$ の値であり，平均値 $\mathbb{E}[F_n(1)]$ ではないから，$F_n(1)$ が小さいほど必ず推測の精度もよいことが保証されているのではない。それでは，自由エネルギーの大きさを見ることにより，どの程度まで推測の精度について調べることができるのだろうか。本書では，この問題について調べていくことにする。

1.2.2 推測と汎化

推測の精度を考えるための量として自由エネルギーとは別の概念がある。予測分布 $p^*(x)$ を用いて定義される**汎化損失**

$$G_n = -\int q(x) \log p^*(x) dx \tag{1.20}$$

と**経験損失**

$$T_n = -\frac{1}{n} \sum_{i=1}^{n} \log p^*(X_i) \tag{1.21}$$

である。真の分布のエントロピー S を用いると

$$G_n = S + \int q(x) \log \frac{q(x)}{p^*(x)} dx \tag{1.22}$$

が成り立つ。この右辺第2項は真の分布と予測分布のカルバック・ライブラ距離 (8.4節参照) である。したがって G_n が小さいほど $p^*(x)$ が $q(x)$ を精度よ

く推測していると考えてよいことがわかる。しかしながら，G_n を求めるには真の分布を用いた平均 $\int (\ ) q(x)dx$ を計算する必要がある。現実の問題では真の分布は不明であるから，汎化損失 G_n を直接に算出することはできない。一方，経験損失 T_n は，組 (p, φ) とサンプル X^n の実現値が与えられれば数値として確定する。二つの値 G_n と T_n は，もちろん異なる値であるが，もしも T_n から G_n を推測することができるときわめて有用であると思われる。本書では T_n から G_n を推測する方法について考察していく。

以上で，自由エネルギーと汎化誤差がベイズ統計学において重要な量であることを説明した。この二つのものの間にはなにか関係があるだろうか。定義から $\beta = 1$ のとき $p(x|X^n) = p^*(x)$ について

$$p(X_{n+1}|X^n) = \frac{1}{Z_n(1)} \int p(X_{n+1}|w) \prod_{i=1}^n p(X_i|w)\varphi(w)dw$$
$$= \frac{Z_{n+1}(1)}{Z_n(1)}$$

が成り立つ。この式は，$\beta = 1$ のとき n 個のサンプル X^n から $(n+1)$ 個目の X_{n+1} を予測することは，分配関数の比になっているということを表している。この式の両辺の対数をとって符号を反転することにより

$$-\log p^*(X_{n+1}) = -\log p(X_{n+1}|X^n) = -\log Z_{n+1}(1) + \log Z_n(1)$$
$$= F_{n+1}(1) - F_n(1)$$

である。この式の両辺をさらに X^{n+1} で平均すると

$$\mathbb{E}[G_n] = \mathbb{E}[F_{n+1}(1)] - \mathbb{E}[F_n(1)]$$

が成り立つことがわかる。すなわち，$\beta = 1$ のとき，自由エネルギーの平均値の増分と汎化損失の平均値は等しい。この関係は任意の自然数 n について成り立つ。n が大きな数でなくても $n = 1$ でも成り立つ。このことから，自由エネルギーと汎化損失とが無関係ではなく，ある法則で結ばれているということがわかった。しかしながら，汎化損失が小さいことと自由エネルギーが小さいこととは関係はあるものの，等価ではないということもわかった。

注意 6 自由エネルギーや汎化損失の定義は

$$-\log P$$

という形をしている。これはなぜだろうか。その理由はつぎのとおりである。自然科学や情報科学において現れる確率分布は

$$P(x) \propto \exp(-E(x))$$

という形をしていることが多い。ここで関数 $E(x)$ は，エネルギー，推測誤差，符号長などの実世界において私たちが具体的な意味を感じるものである。すなわち，私たちは $E(x)$ の大小について一定の習慣をもっている。例えば，高いところにあるボールや速度の速いボールは大きなエネルギーをもっている。推測の精度が悪いと誤差は大きくなる。符号化法が適切でないと符号長は長くなり，珍しい事象を記述するには長い符号長が必要である。また，$-\log P$ を平均したものがエントロピーであるが，これも考えている系が乱雑であるほど大きな値になる。自由エネルギーや汎化損失にマイナスの符号が付くのは，マイナスの符号を付けることによって私たちの生活のうえでの習慣と一致するからである。

なお，統計学における対数尤度だけはマイナスの符号を付けない。$\log P$ を使う。対数尤度だけが自然や情報と符号が反転しているのである。もちろん，どちらの符号を使うかということは数学的にはどちらでも同じことであり，符号を変えたことで実質は何事も変わりはしないのであるが，特に実験科学において理論と実験を比較するときには，符号のとり方について確認をしながら進める必要があるだろう。

1.2.3 計算できる例

ベイズ推測において事後分布や予測分布を解析的に計算することはできないことが多く，それらを算出するための方法は大切な課題になっている。事後分布の数値的な実現方法については 5 章で述べる。ここでは，事後分布と予測分

布が計算できる例を通して,それらがどのようなものであるかを考えてみよう。分配関数,事後分布や予測分布が計算できる確率モデルのことを**可解モデル**という。

情報 $x \in \mathbb{R}^N$ の確率モデルが

$$p(x|w) = v(x)\exp(f(w) \cdot g(x)) \tag{1.23}$$

という形をしているとき**指数型分布**という。ここで $f(w), g(x)$ は,それぞれ w, x のベクトル値の関数で

$$f(w),\ g(x) \in \mathbb{R}^J$$

であり,$f(w) \cdot g(x)$ は内積を表している。また $p(x|w)$ の x についての積分が 1 になることから

$$\int v(x)\exp(f(w) \cdot g(x))dx = 1$$

である。指数型分布に対してつぎの形の事前分布を考える。

$$\varphi(w|\phi) = \frac{1}{z(\phi)}\exp(\phi \cdot f(w))$$

を**共役な事前分布**という。$\phi \in \mathbb{R}^J$ はパラメータ w の事前分布の中のパラメータなので**ハイパーパラメータ**という。事前分布の w についての積分が 1 になることから,任意の ϕ について

$$z(\phi) = \int \exp(\phi \cdot f(w))dw$$

である。サンプル X^n が与えられたとき,分配関数は

$$\begin{aligned}
Z_n(\beta) &= \int \varphi(w|\phi)\prod_{i=1}^n p(X_i|w)^\beta dw \\
&= \frac{1}{z(\phi)}\int \Big(\prod_{i=1}^n v(X_i)^\beta\Big)\exp((\phi + \sum_{i=1}^n \beta g(X_i)) \cdot f(w))dw \\
&= \Big(\prod_{i=1}^n v(X_i)^\beta\Big)\frac{z(\hat{\phi})}{z(\phi)}
\end{aligned}$$

である。ここで

$$\hat{\phi} = \phi + \sum_{i=1}^{n} \beta g(X_i)$$

とおいた。自由エネルギーは

$$F_n(\beta) = -\sum_{i=1}^{n} \log v(X_i) - \frac{1}{\beta} \log \frac{z(\hat{\phi})}{z(\phi)}$$

である。事後分布は

$$\begin{aligned}
p(w|X^n) &= \frac{1}{Z_n(\beta)} \varphi(w|\phi) \prod_{i=1}^{n} p(X_i|w)^{\beta} \\
&= \frac{1}{Z_n(\beta)} \frac{1}{z(\phi)} \Big(\prod_{i=1}^{n} v(X_i)^{\beta}\Big) \exp(\hat{\phi} \cdot f(w)) \\
&= \frac{1}{z(\hat{\phi})} \exp(\hat{\phi} \cdot f(w)) = \varphi(w|\hat{\phi})
\end{aligned}$$

となる。指数型分布と共役事前分布を用いたベイズ推測においては，事前分布から事後分布への変換 $\varphi(w|\phi) \to \varphi(w|\hat{\phi})$ がハイパーパラメータの変更 $\phi \to \hat{\phi}$ で行うことができるのである。予測分布は

$$\begin{aligned}
p(x|X^n) &= \int p(x|w)p(w|X^n)dw \\
&= \int p(x|w)\varphi(w|\hat{\phi})dw \\
&= v(x) \int \exp(f(w) \cdot g(x)) \frac{1}{z(\hat{\phi})} \exp(\hat{\phi} \cdot f(w))dw \\
&= \frac{v(x)}{z(\hat{\phi})} \int \exp(f(w) \cdot (\hat{\phi} + g(x)))dw \\
&= v(x) \frac{z(\hat{\phi} + g(x))}{z(\hat{\phi})}
\end{aligned} \qquad (1.24)$$

である。特に $\beta = 1$ のときには

$$p(x|X^n) = v(x) \frac{z(\phi + g(X_1) + \cdots + g(X_n) + g(x))}{z(\phi + g(X_1) + \cdots + g(X_n))}$$

となる。この式の分母は x には依存しないことに注意しよう。

注意 7

(1) このように性質のよい事前分布が存在するのは指数型分布のときだけであり，たいへんまれなことである。

(2) 事前分布の中にあるハイパーパラメータをどのように選ぶのがよいのだろうか。この問題は 6 章で考える。

(3) 共役事前分布は，事後分布や予測分布が解析的に計算できることを重視して用いられるものであり，指数分布を用いるときに必ず共役事前分布を用いなくてはならないということではない。共役事前分布でなくても，事前分布として積極的に採用すべき理由があるものがある場合には，そちらを選ぶほうがよい。とはいえ，指数分布のように性質のよい分布では，事前分布をどのように選ぶかということが予測精度に及ぼす影響は大きくはない。

(4) 指数分布の混合によって得られる確率モデルを混合指数分布という。混合指数分布は指数分布ではなく，事前分布の設計が予測結果に大きな影響を及ぼすことがある。このことは 4 章と 5 章で述べる。

例 1 正規分布の共役事前分布をつくってみよう。$\sigma^2 > 0$ を定数として，確率モデルを

$$p(x|m) = \frac{1}{\sqrt{2\pi\sigma^2}} \exp\left(-\frac{1}{2\sigma^2}(x-m)^2\right) \tag{1.25}$$

とする。パラメータは $-\infty < m < \infty$ である。展開すると

$$p(x|m) = \frac{1}{\sqrt{2\pi\sigma^2}} \exp\left(-\frac{x^2}{2\sigma^2}\right) \exp\left(\frac{m}{\sigma^2}x - \frac{m^2}{2\sigma^2}\right).$$

この式の後半の $\exp(\ )$ の中は x の独立な関数 $x, 1$ の線形和で書けているから，$v(x) = p(x|0)$, $f(w) = (m/\sigma^2, -m^2/(2\sigma^2))$ および $g(x) = (x, 1)$ とおくと $p(x|m)$ は指数型分布である。共役分布は，ハイパーパラメータを

$$\phi = (\phi_1, \phi_2)$$

として $p(x|m)$ の中の $(x, 1)$ を (ϕ_1, ϕ_2) で置き換えることで得られる。

$$\varphi(m|\phi) = \frac{1}{z(\phi)} \exp\Big(\frac{m}{\sigma^2}\phi_1 - \frac{m^2}{2\sigma^2}\phi_2\Big)$$
$$= \frac{1}{z(\phi)} \exp\Big(-\frac{\phi_2}{2\sigma^2}\Big(m - \frac{\phi_1}{\phi_2}\Big)^2 + \frac{\phi_1^2}{2\phi_2\sigma^2}\Big)$$

となる。これが m の確率分布を表すための必要十分条件は $\phi_2 > 0$ である。これより共役事前分布は m について正規分布であることがわかった。また

$$z(\phi) = \int_{-\infty}^{\infty} \exp\Big(-\frac{\phi_2}{2\sigma^2}\Big(m - \frac{\phi_1}{\phi_2}\Big)^2 + \frac{\phi_1^2}{2\phi_2\sigma^2}\Big)\,dm$$
$$= \sqrt{\frac{2\pi\sigma^2}{\phi_2}} \exp\Big(\frac{\phi_1^2}{2\sigma^2\phi_2}\Big)$$

である。サンプル $X_1, X_2, ..., X_n$ が与えられたときの事後分布は $\varphi(m|\hat{\phi}_1, \hat{\phi}_2)$ である。ここで

$$\hat{\phi}_1 = \phi_1 + \sum_{i=1}^{n} \beta X_i, \qquad \hat{\phi}_2 = \phi_2 + \beta n$$

となる。予測分布は式 (1.24) を用いて

$$p(x|X^n) \propto v(x)z(\hat{\phi} + g(x)) \propto \exp\Big(-\frac{x^2}{2\sigma^2}\Big) \exp\Big(\frac{(\hat{\phi}_1 + x)^2}{2\sigma^2(\hat{\phi}_2 + 1)}\Big)$$

である。指数の部分を x について平方完成することにより

$$p(x|X^n) = \frac{1}{\sqrt{2\pi\hat{\sigma}^2}} \exp\Big(-\frac{1}{2\hat{\sigma}^2}\Big(x - \frac{\phi_1 + \beta \sum X_i}{\phi_2 + n\beta}\Big)^2\Big)$$

が得られる。ここで

$$\hat{\sigma}^2 = \frac{\phi_2 + n\beta + 1}{\phi_2 + n\beta}\sigma^2$$

とおいた。

注意 8 この節では，事後分布や予測分布の実例をあげるために指数型分布について紹介した。指数型分布は統計的推測の問題を考えるとき，たいへんによい性質をもっているのであるが，うまく計算ができ過ぎる点に注意が必要である。分配関数が計算できるということは統計的推測の問題のほとんどが具体的計算

で解決できるということであると考えてよいが,そのように特別によい性質を
もつモデルに対する理論や方法は,そうでない一般のモデルには適用できない
ことが多いからである。

1.3 さまざまな推測方法

統計的推測を行うためには,サンプル X^n から,それを発生している確率分
布を推測する方法が定まっていればよい。推測の結果を $\hat{p}(x)$ とする。ベイズ
法の予測分布を用いる他にも $\hat{p}(x)$ を定める方法にはさまざまなものがあるの
で,まとめておこう。パラメータ w の関数

$$\prod_{i=1}^{n} p(X_i|w)$$

を**尤度関数**という。

1. 尤度関数を最大にするパラメータ w_{ML} を**最尤推定量**といい,$p(x|w_{ML})$ を推測の結果 $\hat{p}(x)$ とする方法を**最尤推測**という。これは $\beta = \infty$ の予測分布を用いることに相当する。

2. $\beta = 1$ のときの事後分布 $p(w|X^n)$ の最大値を与える w を w_{MAP} と書き,**事後確率最大化推定量**といい,$p(x|w_{MAP})$ を推測の結果 $\hat{p}(x)$ とする方法を**事後確率最大化推測**という。

3. 事後分布によるパラメータの平均 $E_w[w]$ を用いて $p(x|E_w[w])$ を推測の結果 $\hat{p}(x)$ とする。この方法には標準的な名称はないように思われる。本書では**平均プラグイン推測**と呼ぶことにする。

4. 事後分布を平均場近似することで得られる分布を用いて $p(x|w)$ を平均したものを推測の結果 $\hat{p}(x)$ とする。これを**変分ベイズ法**という。変分ベイズ法については5章で述べる。

どの方法でも,推測の結果として得られた $\hat{p}(x)$ を用いて汎化損失と経験損失を

$$\hat{G}_n = -\mathbb{E}_X[\log \hat{p}(X)], \quad \hat{T}_n = -\frac{1}{n}\sum_{i=1}^{n} \log \hat{p}(X_i)$$

と定義する。

注意 9

(1) 統計的推測には多くの方法があるが，どの方法も真の分布を知ることはできない人間が仮に定めた方法であり，どの方法も【正統な方法】ではない。それぞれの方法の推測精度を数学的に比較したうえでいくつかの方法を推奨することができる場合があるかもしれないが「正統な方法であるから絶対に使うべきである」という推測の方法は存在しない。

(2) 統計的推測の方法が異なれば，もちろん，推測された結果も異なり，その精度も同じではない。具体的には汎化損失が同じではない。3章で述べるように，事後分布が正規分布で近似できる場合には，どの方法を用いても推測結果はほぼ同じであり，汎化損失もほぼ同じになるが，そうでないときには推測の方法に応じて推測結果は異なり推測精度も大きく異なる。また，どの推測方法を用いるかに応じて適切な確率モデルと事前分布も変化する。ある方法において適切な確率モデルと事前分布であっても，別の方法ではそうであるとはかぎらない。

(3) なお，統計的推測の方法についての名称は，本や論文により意味するものが異なることがあるので確認が必要である。本書では，最も一般的に使われると思われる用語を用いている。しかしながら，本によっては事前分布を用いる方法をすべてベイズ法と呼んでいることもある。同じ確率モデルと同じ事前分布を用いていても，本書の定義でのベイズ推測，事後確率最大化法，平均プラグイン法は，まったく別の推測方法であり異なる推測結果を与える。推測精度も大きく異なる。言葉の意味するものが必ずしも統一されていない点は，しばしば大きな誤解の原因になる。例えば，「パラメータ集合がコンパクトであり事前分布が一定値ならば，ベイズ推測は最尤推測と同じである」という言明は，本書の定義を採用するならば，正しくない。実際，汎化損失は大きく違うことが多い。なお，その条件下では最尤推測と事後確率最大化推測は同じになっている。

1.4 事後分布の例

　読者は「事後分布」という言葉を聞いたときに，どのような形をしていると想像するだろうか．なんとなく「モヤッ」としていて，サンプル数が増えると急峻になってくるものだと想像していないだろうか．ここでは，事後分布の具体的なイメージを得るために事後分布の例をあげてみよう．

例2 $x \in \mathbb{R}^1$ とし，関数 $\mathcal{N}(x)$ を平均 0 で分散が 1 の正規分布とする．すなわち

$$\mathcal{N}(x) = \frac{1}{\sqrt{2\pi}} \exp\left(-\frac{x^2}{2}\right) \tag{1.26}$$

とする．パラメータ $w = (a, b)$ $(0 \leq a \leq 1, \ b \in \mathbb{R}^1)$ をもつ確率モデル

$$p(x|w) = (1-a)\mathcal{N}(x) + a\mathcal{N}(x-b) \tag{1.27}$$

を考えよう．このような確率分布を 2 個の正規分布の混合という．これは 2 個の正規分布の重み付きの和である．もしも b が原点から十分に離れていれば，例えば $|b| > 3$ 程度に離れていれば，$p(x|w)$ は，二つの区別できる正規分布の和のように見える．しかしながら $b = 0$ のときには，$p(x|w)$ は一つの正規分布を表しているから，$b \approx 0$ では，$p(x|w)$ はほとんど一つの正規分布に見える．また $a \approx 0$, $a \approx 1$ でも一つの正規分布に見える．このような分布の事後分布はどのような形をしているだろうか．

　以下では，パラメータの集合が

$$W = \{(a, b) \, ; \, 0 \leq a \leq 1, \ |b| \leq 5\} \tag{1.28}$$

である場合を考える．また，簡単のために事前分布は場所によらず一定値をとる場合を考える．すなわち

$$\varphi(w) = \frac{1}{10} \tag{1.29}$$

とする。この場合，事後分布は尤度関数と同じ形状をしている。また，この例では事後分布 $p(w|X^n)$ を最大にする w が最尤推定量であり，事後確率最大化推定量と同じである。真の分布を $q(x) = p(x|a_0, b_0)$ として

$$(a_0, b_0) = (0.5, 3.0),\ (0.5, 1.0),\ (0.5, 0.5) \tag{1.30}$$

の3通りのケースを比較してみよう。(a_0, b_0) を真のパラメータと呼ぶことにする。サンプルの個数は $n = 100$ の場合を考える。

(i) 真のパラメータが $(a_0, b_0) = (0.5, 3.0)$ のとき。二つの確率分布 $\mathcal{N}(x)$ と $\mathcal{N}(x - 3.0)$ は，区別できる程度に離れているので，100個のデータがあれば真の分布が二つの正規分布の混合であることは明確にわかると思われる。

(ii) 真のパラメータが $(a_0, b_0) = (0.5, 1.0)$ のとき。二つの確率分布 $\mathcal{N}(x)$ と $\mathcal{N}(x - 1.0)$ は，重なっている部分が大きく，データが100個あっても，真の分布が二つの正規分布の重なりであるのか，一つの正規分布なのかは見分けがつかないかもしれない。

(iii) 真のパラメータが $(a_0, b_0) = (0.5, 0.5)$ のとき，二つの確率分布 $\mathcal{N}(x)$ と $\mathcal{N}(x - 0.5)$ は，ほとんど重なっているので，データが100個くらいでは，真の分布は一つの確率分布であるように見えるだろう。

実験の結果を説明しよう。

(i) $b_0 = 3.0$ のときの事後分布を図 **1.1** に示す。事後分布は真のパラメータの付近に鋭いピークをもつ分布であり正規分布で近似できそうである。最尤推定量は $(0.47, 3.05)$ であり，真のパラメータ $(0.5, 3.0)$ の近くにある。この場合には事後分布の形状はサンプルの出方にあまり依存しない。事後分布の位置はサンプルの出方によってばらつくが，そのばらつきは小さい。

(ii) $b_0 = 1.0$ のときを図 **1.2** に示す。事後分布は真のパラメータの付近からずれて広がっていて正規分布では近似できなさそうである。最尤推定量は $(0.65, 0.55)$ であり，真のパラメータ $(0.5, 1.0)$ からずれている。こ

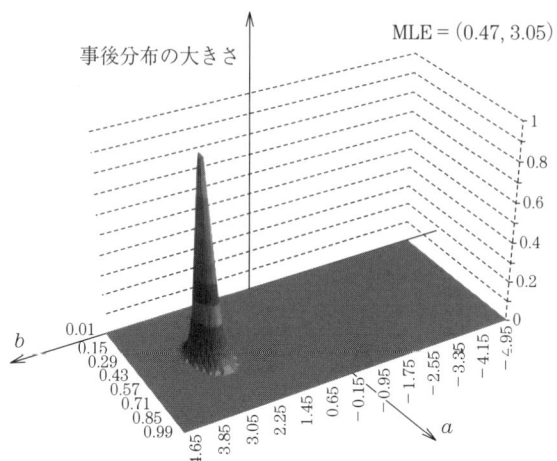

図 1.1 事後分布 $((a_0, b_0) = (0.5, 3.0),\ n = 100)$

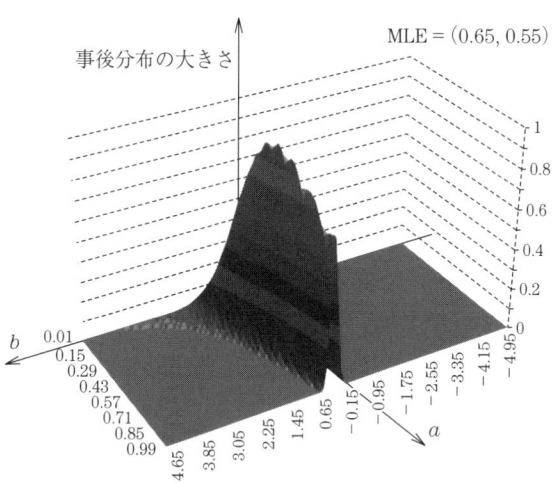

図 1.2 事後分布 $((a_0, b_0) = (0.5, 1.0),\ n = 100)$

の場合は同じサンプル数であっても,サンプルの出方により事後分布の位置や形状は変化する。最尤推定量の位置も変化する。

(iii) $b_0 = 0.5$ のときを図 1.3 に示す。事後分布は真のパラメータの近くではなく,$ab \approx 0$ を満たす集合全体のまわりに広がっていて正規分布では近似できない。最尤推定量は $(0.15, 0.71)$ であり,真のパラメータ $(0.5, 0.5)$

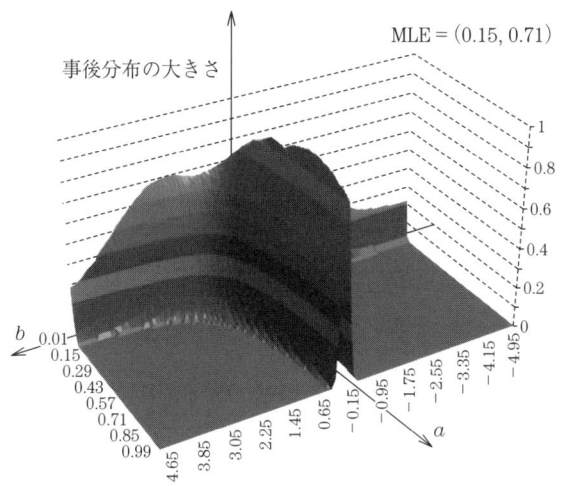

図 1.3 事後分布（$(a_0, b_0) = (0.5, 0.5)$, $n = 100$）

とは異なる位置にある。この場合には，事後分布の位置や形状はサンプルの出方により大きく変わる。図 1.3 で示したのは一例にすぎず，サンプルの出方が異なれば，事後分布の形はまったく違ったものになる。最尤推定量もその位置は確率的に大きく変動する。

注意 10 上記の例はサンプル数が百個の場合のものである。真のパラメータが $(0.5, 0.5)$ の場合にはサンプル数が千個でも，二つの正規分布の区別は付きにくいが，サンプル数が百万個程度あれば，ほぼ区別が付いて事後分布は図 1.1 と同じように真のパラメータの周りに鋭いピークをもつようになる。すなわち事後分布はサンプル数の変化とともにその形を大きく変える。

　従来の統計学の理論では，事後分布あるいは尤度関数が図 1.1 のように局所的に鋭いピークをもち正規分布で近似できる場合を想定することが多かった。しかしながら，現実問題では，事後分布が図 1.2, 図 1.3 のように大局的な広がりをもつケースがしばしば生じている。また，図 1.1 のように正規分布で近似できる場合を考えると，ベイズ推測も最尤推測も他の推測もほぼ同じ推測精度であるが，図 1.2, 図 1.3 のように事後分布が正規分布で近似できない場合には，

ベイズ推測が他の方法よりも優れた推測精度をもっていることがわかる。本書では，3章において事後分布が正規分布で近似できる場合の理論を述べ，4章で事後分布が大局的な広がりをもつ場合でも扱うことができる理論をつくる。

1.5 確率モデルの例

ここでは，具体的な問題における確率モデルの例を述べる。

1.5.1 確率モデルがわかっている場合

統計的推測が行われる問題には確率モデルがほぼわかっていると考えてよい問題がある。

例3 1から6までの目が出るサイコロを考える。$x = (x_1, x_2, ..., x_6)$ を，どれか一つだけが1になり残りは0になる変数とする。「$x_i = 1$である」ことと「iの目が出た」ことが対応すると考える。パラメータ $b = (b_1, b_2, ..., b_6)$ をすべて非負値で $b_1 + b_2 + \cdots + b_6 = 1$ を満たすものとする。サイコロの目を表す確率分布は，確率 b_j で $x_j = 1$ となる分布

$$p(x|b) = \prod_{j=1}^{6} (b_j)^{x_j}$$

で与えられると考えてよいだろう。この場合，出た目のサンプルがたくさんあれば，パラメータ b を推測することができそうである。

例4 3次元空間内の J 個の点 $\{r_j\}$ に電荷 $\{Q_j\}$ を配置したとする。点 r で計測される電位 $D(r)$ は，無限遠を基準点とし誘電率を ϵ とすると

$$D(r) = \frac{1}{4\pi\epsilon} \sum_{j=1}^{J} \frac{Q_j}{\|r - r_j\|} + \mathcal{N}$$

である。ここで $\mathcal{N}$ は電位計測において生じる測定誤差を表す確率変数でその確率分布は予備実験によりわかっているとする。空間内のいくつかの点で計測

された電位 $D(r)$ から，電荷の位置，電荷の大きさを推測したいという問題を考えるとき，$\{r_j, Q_j, j = 1, 2, ..., J\}$ がパラメータである．なお，この問題のように確率モデルが厳密に定まっていても，計測点の個数がパラメータの個数より少ない場合や，電荷の個数 J が不明のため推測したい場合には統計学の問題としては決して容易な問題ではない．

上記のように自然科学の問題で基礎となる自然法則が確立されていると考えられる場合には，確率モデルはわかっていると考えてよいだろう．ただし，このような問題でも，J 個の電荷を実験者が配置した場合には，ぴったりと J 個の電荷のモデルが真の分布として存在していると考えてよいが，未知の自然環境を観測する場合には，小さな電荷をもつものがほとんど無限にあることのほうが普通であるから，ぴったりと J 個の電荷のモデルが真の分布であると考えることはできない．遠くにある星から来る光のスペクトルを計測して，その情報から星にある元素とその比率を知りたい場合なども同じであって，どこまでが情報であり，どこからが計測雑音であるのかという問題は統計学としては必ずしも容易な問題ではない．このような場合には，事後分布が正規分布であると仮定したうえで確率モデルの設計や最適化を行うことはできない．

1.5.2　確率モデルが仮のものである場合

確率モデルには，根拠があいまいなものも少なくない．つぎの例を考えてみよう．

例 5　1000 人の中学生の（数学・国語・理科・社会・英語）の試験の点数の分布を調べたところ，一つの正規分布ではなくて，二つ以上の正規分布の和であるように思われた．そこで

$$p(x|w) = \sum_{j=1}^{J} \frac{a_j}{(2\pi\sigma_j^2)^{5/2}} \exp\left(-\frac{\|x - m_j\|^2}{2\sigma_j^2}\right)$$

という確率モデルを用いることにした．ここで x は試験の点数を表すベクトルであり，パラメータ w は $\{a_j, \sigma_j, m_j\}$ である．こうした問題では，仮に確率モ

デルが厳密に正しい場合であっても，個数 J の値を決めるのは容易ではない。確率モデルが厳密に正しいかどうかわからない場合には，個数 J を定めるということは，1000 人のデータを考察するときにその大きさのモデルがモデルの集合の中で最も適切であるという意味である。もしも百万人のデータがあるのなら，1000 人のときよりも大き目の J を使うほうが適切になることが多いだろう。なお，このような問題では，統計学的に J の値が定められたとしても，中学生全体が J 個のグループに分けられると結論されたのではないことに注意しよう。

この問題と似たタイプの課題は現実には非常に多い。人文社会科学における確率モデルは，ほとんどこの問題と同じように「確率モデルなしではなにも推論できないので，あくまでも仮のモデルとしてデータを考察するために利用している」という状況ではないかと思われる。こうした場合には「無限のデータがあれば真の J がわかり，真の構造がわかる」と考えると事実を見誤ることになるので注意が必要である。「データの個数が無限に近づくとき少しずつ詳しい情報がわかっていく」という状況であると考えるのが現実に近いだろう。この場合も事後分布は正規分布では近似できない。

1.6 本書の概略

本書の全体の概略を述べる。

1 章では，ベイズ推測の定義を述べ，自由エネルギーと汎化誤差について説明した。

2 章では，真の分布と確率モデルの間の関係を定義し，ベイズ統計理論の基礎となる概念を導入する。ベイズ推測のもつ大きな特徴として，汎化と推測の間に自然に成り立つ関係があるということがあげられる。

3 章では，事後分布が正規分布で近似できる場合に限定して，自由エネルギーと汎化誤差の挙動を述べる。事後分布が正規分布で近似できる場合には，考察

しようとするほぼすべての量の挙動を具体的に計算できる。3章で述べる理論のよい点は，導出と結論が簡明でわかりやすいということである。一方，現実の問題にこの章の理論が適用できるかどうかを，この理論の中では知ることができないという点が問題点である。すなわち，3章の理論を用いて計算した自由エネルギーや汎化損失の値が真の値に近いのかどうかを3章の理論に基づいて知ることはできない。

4章では，事後分布が正規分布で近似できないときにも成り立つ自由エネルギーと汎化誤差の理論を導出する。事後分布が正規分布ではないとき，ベイズ推測は他の方法よりも優れた推測精度をもっている。この場合の理論は3章ほどシンプルではないが，しかしながらベイズ推測の自然さから一般性をもつ法則を導くことができる。なお，3章の理論は4章の理論の特殊な場合に相当する。

5章では，事後分布を実現するための方法として，マルコフ連鎖モンテカルロ法と平均場近似法について述べる。マルコフ連鎖モンテカルロ法は，ベイズ推測だけでなく広い科学で役立つものであり，今後さらなる発展が期待されるものである。また平均場近似によってきわめて高速な事後分布の近似が可能になる。

6章では，ベイズ統計学でしばしば現れる問題について紹介する。回帰問題，モデル評価，クロスバリデーション，統計的検定について述べる。

7章では，ベイズ統計学の基礎，特に確率モデルと事前分布の設計について説明する。

1.7 一般的注意

1.7.1 本書の厳密性について

ベイズ統計学を考えるとき，例えば事後分布は確率的に変動する確率分布である。数学的に表現するならば，事後分布は「確率分布に値をとる確率変数」であり，その挙動を解析するためには，ルベーグ測度論を基礎とする数学の確率論が必要である。しかしながら，ルベーグ測度論および確率論は，その重要性

にもかかわらず，数学教室以外の学科ではこれを学んでいる時間がないというのが実情だと思われる．現代では，どの学問も発展が著しく学問どうしの関係も複雑化しているため，勉強するべきことが多過ぎるのである．

本書は数学以外の学問をしている人も読者に想定しているのでルベーグ測度論および数学の確率論を基盤とすることを選ばなかった．このため，定理の証明においても数学の意味での厳密性を追求していない．

本書の主たる目標は，ベイズ統計において現実に生じている問題を考えることができるようになるための基礎となる理論をつくることと，その中で数学的な構造が重要な役割を果たしていることを明らかにすることであり，本書の厳密性は，自然科学や工学におけるものとほぼ同じである．

とはいえ，数学を学んだ読者は適切な条件を課すことによって証明を行うことができるであろう．例えば積分と極限の交換

$$\lim_{a \to 0} \int f(x,a)dx = \int \lim_{a \to 0} f(x,a)dx$$

は無条件では成立しないが，$f(x,a)$ が

$$\int \left(\sup_a |f(x,a)|\right) dx < \infty$$

を満たしているという条件を課せば積分と極限は交換する．

1.7.2 表　記　法

つぎに本書において頻出する表記法を説明しよう．

関数 $f(x)$ が $x \to a$ において

$$f(x) = o(|x-a|^b)$$

であるとは

$$\lim_{x \to a} \frac{f(x)}{|x-a|^b} = 0$$

が成り立つということである．このとき $f(x)$ は $|x-a|^b$ よりも早く 0 に行くという．つぎに，関数 $f(x)$ が $x \to a$ において

$$f(x) = O(|x-a|^b)$$

であるとは，ある $M > 0$ が存在して

$$\limsup_{x \to a} \frac{|f(x)|}{|x-a|^b} \leq M$$

が成り立つということである．このとき $f(x)$ のオーダーは $|x-a|^b$ と同じという．確率変数 X_n が $n \to \infty$ において

$$X_n = o_p\left(\frac{1}{n^\alpha}\right)$$

であるとは，「X_n は $1/n^\alpha$ よりも早く 0 に近づく」という意味で用いられる．このことは数学的にはあいまいな表現であるが，具体的には，任意の $\epsilon > 0$ について

$$|n^\alpha X_n| < \epsilon$$

となる確率を P_n とするとき

$$\lim_{n \to \infty} P_n = 1$$

が成り立つという意味である．

確率変数 X_n が $n \to \infty$ において

$$X_n = O_p\left(\frac{1}{n^\alpha}\right)$$

であるとは，「X_n は $1/n^\alpha$ と同じオーダーで 0 に近づく」という意味で用いられる．具体的には，ある確率変数 Y とある定数 M が存在して $n > M$ ならば

$$|n^\alpha X_n| < Y$$

とできるという意味である．

1.8 質問と回答

質問 1 1章の注意3においてつぎのように書かれています。
(1) 「事前分布がパラメータ w の本当の事前分布であると仮定はしない。」
(2) 「確率モデルがパラメータが与えられたときの本当の x の条件付き確率であると仮定はしない。」
(3) 「したがって事後分布もパラメータの真の事後分布であるとはかぎらない。」

統計的推測を考えるとき,確かにそのように考えることが合理的であると思いますが,このような前提はベイズ統計において一般的なものでしょうか。それともこの本だけの考え方でしょうか。

回答 1 現代の統計的推測においては,正しいかどうかを確認できない仮定の下でつくられた事後分布や予測分布を無条件で信じることにするのではなく,むしろ客観的な指標により評価するという考え方が一般的であるように思われます。すなわち事前分布や確率モデルが正しいとはかぎらないという本書の前提はベイズ統計学において一般的なものではないかと思われます。ここで「思われます」というのはベイズ推測に関する本や論文では,そのことが明記されているとはかぎらないからです。考察している問題によっては確率モデルが正しいことはおおよそ大丈夫である場合があります。例えばコインを振って表裏が出る確率を推測するとき,確率モデルは正しいと思ってよいでしょう。また事前分布についても真の事前分布がわかっているといってよい場合もあり得ます。しかしながら,明らかに仮のモデルと仮の事前分布を用いている場合もあります。前提について明記されていないときには,問題ごとにどちらなのかを確認しながら進むとよいでしょう。本当の確率モデルと本当の事後分布がわからなければベイズ推測はできないということはありません。

質問 2 推測のよさを評価する指標としては自由エネルギーと汎化誤差の他に

は考えられないのでしょうか。

回答 2 評価の指標は本来ならば考察している問題ごとに決めるべきかもしれません。例えば，コインを振って表が出たときと裏が出たときとでもらえる報酬が 100 倍も異なるならば，その違いに応じた重みで評価を行うべきです。あるいは事後分布をつくるときに，その重みまで考慮に入れて推測するべきです。推測されたものに対する評価が与えられているのであれば，その評価に対して最適な推測を行うべきです。しかしながら，統計的推測をするときそのような意味での評価は明確でない場合も多いように思います。もしも統計的推測に対する外界からの評価指標が与えられていないのであれば，自由エネルギーと汎化誤差が代表的な指標ではないかと思います。

章 末 問 題

【1】 つぎの等式が成り立つことを示せ。
$$\inf_{\beta} F_n(\beta) = \inf_{w \in W} \left\{ -\sum_{i=1}^{n} \log p(X_i|w) \right\}.$$

【2】 $L(w) = -\mathbb{E}_X[\log p(X|w)]$ とするとき，つぎの不等式が成り立つことを示せ。
$$\mathbb{E}[F_n(\beta)] \leq -\frac{1}{\beta} \log \int \exp(-\beta L(w)) \varphi(w) dw.$$

【3】 例 1 では分散 $\sigma^2 > 0$ を定数としている。分散もパラメータとして推測する場合を考える。$s = 1/\sigma^2$ とおくと正規分布の式 (1.25) は
$$p(x|m,s) = \frac{1}{\sqrt{2\pi}} \exp\left(-\frac{s}{2}x^2 + msx - \left(\frac{m^2 s}{2} - \frac{1}{2}\log s\right)\right)$$
となる。この確率モデルの共役事前分布をつくれ。

2 基礎概念

2章ではベイズ推測の基礎的な概念について説明する。まず真の分布と確率モデルの間の関係を表す用語を準備する。つぎに汎化損失と経験損失のキュムラント母関数を定義して，ベイズ推測の理論がどのようにつくられるかを説明する。2章では用語とフレームワークの説明を行う。理論としての実体が現れるのは3章以後である。

2.1 真の分布と確率モデルの関係

情報 $x \in \mathbb{R}^N$ に関して真の分布 $q(x)$ と確率モデル $p(x|w)$ の関係についての用語を準備しよう。現実の問題では真の分布はわからないので真の分布と確率モデルの厳密な関係は確認できないことのほうが多いが，統計的推測の理論を記述する際に両者の関係を表す用語が必要になるからである。

定義1 $W \subset \mathbb{R}^d$ をパラメータ全体の集合とする。あるパラメータ $w \in W$ が存在して，$q(x) = p(x|w)$ とできるとき，$q(x)$ は $p(x|w)$ により**実現可能**であるという。そうでないとき実現可能でないという。真のパラメータの集合 W_{00} を

$$W_{00} = \{w \in W \,;\, \text{すべての } x \text{ について } q(x) = p(x|w)\}$$

と定義する。

x と y の同時確率 $q(x)q(y|x)$ を確率モデル $q(x)p(y|x,w)$ で推測する問題も同様である。この場合は $q(y|x)$ を $p(y|x,w)$ で推測する問題と等価である。

補題 1

(1) 真の分布 $q(x)$ が確率モデル $p(x|w)$ によって実現可能であることと,真のパラメータの集合 W_{00} が空集合でないことは同値である.

(2) W_{00} が空集合でないとする.W_{00} の要素は一つとはかぎらないが,任意の $w \in W_{00}$ について,$p(x|w)$ は同じ確率分布を表している.

(証明) 定義から自明である.(証明終)

例 6 $(x,y) \in \mathbb{R}^2$ および $w = (a,b) \in \mathbb{R}^2$ として条件付き分布の確率モデル

$$p(y|x,a,b) = \frac{1}{\sqrt{2\pi}} \exp\Big(-\frac{1}{2}(y - a\sin(bx))^2\Big)$$

を考えよう.真の分布が $q(y|x) = p(y|x,1,1)$ ならば,真の分布は確率モデルで実現可能であり $W_{00} = \{(1,1),(-1,-1)\}$ である.真の分布が $q(y|x) = p(y|x,0,0)$ ならば,真の分布は確率モデルで実現可能であり $W_{00} = \{(a,b); ab = 0\}$ である.真の分布が

$$q(y|x) = \frac{1}{\sqrt{2\pi}} \exp\Big(-\frac{1}{2}(y-x)^2\Big)$$

であれば真の分布は確率モデルで実現可能ではなく,W_{00} は空集合である.

注意 11 W_{00} の元が複数個あるとき,$p(x|w)$ は $w \in W_{00}$ に依存しないが,微分の値

$$\Big(\frac{\partial}{\partial w_j}\Big)^k \log p(x|w) \tag{2.1}$$

は w に依存して異なる.真の分布が確率モデルで実現可能な場合であっても,統計的に推測されるパラメータは真のパラメータとぴったりとは一致せず,確率的なゆらぎをもつから,W_{00} の異なる元は統計的推測の観点からは等価ではない.統計的推測においては確率モデルの値そのものだけでなく,微分構造を考慮する必要があるのである.

定義 2 真の分布 $q(x)$ と確率モデル $p(x|w)$ が与えられたとき,**平均対数損失関数** $L(w)$ をつぎの式で定義する.

$$L(w) = -\mathbb{E}_X[\log p(X|w)] = -\int q(x)\log p(x|w)dx. \qquad (2.2)$$

定義からわかることを述べる。

$$L(w) = -\int q(x)\log q(x)dx + \int q(x)\log\frac{q(x)}{p(x|w)}dx \qquad (2.3)$$

が成り立つ。ここで右辺の第 1 項は，真の分布のエントロピーであり，第 2 項は，真の分布と確率モデルのカルバック・ライブラ距離である。第 1 項は，確率モデル $p(x|w)$ に依存しない値である。第 2 項はつねに非負であり，0 になるのは $q(x) = p(x|w)$ が成り立つときに限る。したがって $L(w)$ が小さい値であればあるほど，$p(x|w)$ は $q(x)$ をよく近似していると考えてよい。特に真のパラメータの集合はカルバック・ライブラ距離が 0 になるパラメータの集合である。すなわち

$$W_{00} = \Big\{w \in W\ ;\ \int q(x)\log\frac{q(x)}{p(x|w)}dx = 0\Big\}$$

が成り立つ。

定義 3 パラメータの集合を $W \subset \mathbb{R}^d$ とし，平均対数損失関数 $L(w)$ を最小にするパラメータの集合を W_0 とする。

$$W_0 = \{w \in W\ ;\ L(w)\ \text{が最小値をとる}\ \}.$$

この集合のことを**真の分布に対して最適なパラメータの集合**と呼ぶ。集合 W_0 の要素 w_0 が一つだけであり，w_0 を含む開集合で W に含まれるものが存在していて，かつ，w_0 でのヘッセ行列 $\nabla^2 L(w_0)$ すなわち，$d \times d$ 行列でその ij 成分が

$$\Big(\nabla^2 L(w_0)\Big)_{ij} = \Big(\frac{\partial^2 L}{\partial w_i \partial w_j}\Big)(w_0) \qquad (2.4)$$

で定義される行列が正則（固有値がすべて正の値であるということ）であるとき，$q(x)$ は $p(x|w)$ に対して**正則**であるという。正則でないとき $q(x)$ は $p(x|w)$ に対して正則でないという。

2.1 真の分布と確率モデルの関係

パラメータの集合がコンパクトで $L(w)$ が w について連続である場合には，真の分布に対して最適なパラメータの集合 W_0 は空集合にはならない。もしも，真の分布が確率モデルにより実現可能であれば

$$W_{00} = W_0$$

である。真の分布が確率モデルにより実現可能でないときには $W_{00} \neq W_0$ である。

補題 2

(1) 一般には W_0 の要素は一つとはかぎらない。

(2) $W_0 \neq W_{00}$ であるとする。W_0 の要素が二つ以上あるとき，$w \in W_0$ に対して $p(x|w)$ が同じ確率分布を表すとはかぎらない。

（証明）例 8 を見るとよい。（証明終）

定義 4 任意の $w_0 \in W_0$ について $p(x|w_0)$ がユニークな確率分布 $p_0(x)$ を表すとき，真の分布に対して最適な確率分布は**実質的にユニーク**であるという。

例 7 真の分布に対して最適なパラメータがユニークではないが，実質的にユニークである例をあげる。以下で $|x| < \pi/2$ とする。

$$p(y|x,a,b) = \frac{1}{\sqrt{2\pi}} \exp\Big(-\frac{1}{2}(y - a\sin(bx))^2\Big),$$
$$q(y|x) = \frac{1}{\sqrt{2\pi}} \exp\Big(-\frac{1}{2}\Big(y - \frac{x}{3}\Big)^2\Big)$$

では真の分布に対して最適なパラメータは二つある（a と b の符号を同時に換える）が，どちらも同じ確率分布を与えている。

例 8 真の分布に対して最適なパラメータが実質的にユニークでない例をあげる。

(1) 現実には使われないが自明な例として $\theta \in [0, 2\pi)$ をパラメータとする確率モデル

$$p(x,y|\theta) = \frac{1}{2\pi} \exp\Big(-\frac{1}{2}\{(x - \cos\theta)^2 + (y - \sin\theta)^2\}\Big),$$

$$q(x,y) = \frac{1}{2\pi} \exp\left(-\frac{1}{2}\{x^2 + y^2\}\right)$$

がある。この例では，平均対数損失関数 $L(w)$ はすべての θ で同じ値になるが，θ が異なれば確率モデルは同じではない。

(2) 現実に生じやすい例をあげる。2次元の入力 $\{(x,y)\,;\,x^2+y^2 \leq 1\}$ から1次元の出力 Z への条件付き確率を考える。パラメータを

$$w = (a_1, a_2, b_{11}, b_{21}, b_{31}, b_{12}, b_{22}, b_{32}, c)$$

として確率モデル

$$p(z|x,y,w) = \frac{1}{\sqrt{2\pi}} \exp\left(-\frac{1}{2}(z - r(x,y,w))^2\right)$$

を考察しよう。ここで関数 $r(x,y,w)$ は

$$r(x,y,w) = \sum_{h=1}^{2} a_h \tanh(b_{1h}x + b_{2h}y + b_{3h}) + c$$

である。(x,y) は一様分布に従い，真の分布が

$$q(z|x,y) = \frac{1}{\sqrt{2\pi}} \exp\left(-\frac{1}{2}(z - \exp(-x^2 - y^2))^2\right)$$

であるとする。このとき (x,y) 座標の上で原点の周りに回転しても変化しない関数を二つの tanh() 関数の和で近似する問題になるため，真の分布に対して最適なパラメータは無限に存在するが，W_0 のパラメータが表す確率分布は方向によって異なるから同じではない。

以上の定義の関係をまとめると図 **2.1** のようになる。つぎの補題にまとめる。

補題 3 つぎのことがわかる。

(1) $q(x)$ が $p(x|w)$ で実現可能であれば，$p_0(x) = q(x)$ であり，$W_{00} = W_0$ である。集合 W_{00} の要素はユニークとはかぎらないが，$q(x)$ に対して最適な確率分布は実質的にユニークである。

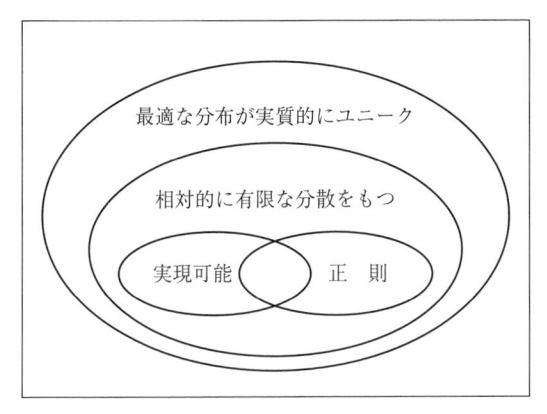

図2.1 真の分布と確率モデルの関係

(2) $q(x)$ が $p(x|w)$ に対して正則であれば，定義より，$q(x)$ に対して $p(x|w)$ の中で最適な確率分布はユニークである。

(3) $q(x)$ が $p(x|w)$ で実現可能でなく，かつ $p(x|w)$ に対して正則でないときには，$q(x)$ に対して $p(x|w)$ の中で最適な確率分布は実質的にユニークでない場合がある。

(証明) (1), (2) は定義から明らかである。(3) は例8のような例があることから得られる。(証明終)

つぎの条件は，本書において非常に重要な役割を果たす。

定義 5 パラメータの集合を W とし，真の分布に対して最適なパラメータの集合を W_0 とする。$w_0 \in W_0$ と $w \in W$ について**対数尤度比関数** $f(x, w_0, w)$ を

$$f(x, w_0, w) = \log \frac{p(x|w_0)}{p(x|w)} \tag{2.5}$$

と定義する。ある定数 $c_0 > 0$ が存在して，任意の $w_0 \in W_0$ と任意の $w \in W$ について

$$\mathbb{E}_X[f(X, w_0, w)] \geq c_0 \mathbb{E}_X[f(X, w_0, w)^2] \tag{2.6}$$

が成り立つならば，対数尤度比関数が**相対的に有限な分散をもつ**という。そうでないとき，相対的に有限な分散をもたないという。つぎの補題で証明するよ

うに，対数尤度比関数が相対的に有限な分散をもつときには，真の分布に対して最適な確率分布は実質的にユニークになるため，$f(x, w_0, w)$ は $w_0 \in W_0$ には依存しない。そのときには w_0 を省略して

$$f(x, w) = f(x, w_0, w)$$

という表記を用いる。

注意 12

(1) 対数尤度比関数が相対的に有限な分散をもつことが，なぜベイズ統計学において重要なポイントなのだろうか。以下に示していくように，経験誤差関数

$$K_n(w) = \frac{1}{n}\sum_{i=1}^{n} f(X_i, w)$$

を用いてベイズ事後分布は

$$p(w|X^n) \propto \exp(-n\beta K_n(w))\, \varphi(w)$$

と書けるのであるが，もしも，対数尤度比関数が相対的に有限な分散をもたないと，$K_n(w)$ の分散が $K_n(w)$ の平均でバウンドできなくなり，サンプルの現れ方に依存して事後分布の形状の変化が極端に大きくなり，自由エネルギーや汎化誤差の n に対する挙動が大きく変化してしまうからである。通常の統計的推測においてはこのようなケースは起こりにくいと思われるが，事後分布がサンプルに応じて大きく変動する場合には，対数尤度比関数が相対的に有限な分散をもつかどうかを考察する必要が生じるかもしれない。3 章と 4 章では，対数尤度比関数が相対的に有限な分散をもつ場合を考える。

(2) 対数尤度比関数が相対的に有限な分散をもつことは

$$\sup_{w \neq W_0} \left(\frac{\mathbb{E}_X[f(X, w)^2]}{\mathbb{E}_X[f(X, w)]} \right) < \infty$$

と言い換えることができる。なお本書では W としてコンパクト集合を考えていくので、その場合にはこの式は分母、分子とも有限の値をとる。したがって、割り算であるこの式が有限になるかどうかは、分母が 0 になる近傍だけが問題である。

つぎの補題は、真の分布が確率モデルで実現可能か、または真の分布が確率モデルに対して正則であれば、対数尤度比関数は相対的に有限な分散をもつということを述べている。

補題 4 つぎのことが成り立つ。

(1) 対数尤度比関数が相対的に有限な分散をもつならば、最適な確率分布は実質的にユニークである。

(2) $q(x)$ が $p(x|w)$ で実現可能であれば、$f(x,w)$ は相対的に有限な分散をもつ。

(3) $q(x)$ が $p(x|w)$ に対して正則であれば、$f(x,w)$ は相対的に有限な分散をもつ。

(証明)

(1) w_1, w_2 を W_0 の任意の元とする。相対的に有限な分散をもつことから

$$0 = L(w_2) - L(w_1) = \int q(x) f(x, w_1, w_2) dx$$
$$\geq c_1 \int q(x) f(x, w_1, w_2)^2 dx.$$

したがって $f(x, w_1, w_2)$ は関数として 0 である。式 (2.5) より $p(x|w_1) = p(x|w_2)$ である。

(2) 実現可能であるとき

$$f(x, w) = \log \frac{q(x)}{p(x|w)}$$

である。$f(x, w) \approx 0$ の近傍を考えればよい。実数 t の関数 $F(t)$ を

$$F(t) = t + e^{-t} - 1$$

と定義する。$F'(t) = 1 - e^{-t}$, $F''(t) = e^{-t}$ だから $F(t) \geqq 0$ であり，かつ，$F(t) = 0 \iff t = 0$ である。また，平均値の定理からある定数 $|t^*| \leq |t|$ が存在して

$$F(t) = \frac{t^2}{2} \exp(-t^*)$$

が成り立つ。

$$q(x)F\Big(\log \frac{q(x)}{p(x|w)}\Big) = q(x) \log \frac{q(x)}{p(x|w)} + p(x|w) - q(x)$$

であるから

$$L(w_0) - S = \mathbb{E}_X[f(X, w)] = \int q(x) \log \frac{q(x)}{p(x|w)} dx$$
$$= \int q(x) F\Big(\log \frac{q(x)}{p(x|w)}\Big) dx$$

である。真の分布が確率モデルにより実現可能であるときには，$L(w_0) = S \iff w_0 \in W_0$ である。また $L(w_0) = S$ が成り立つ w_0 の近傍で

$$\mathbb{E}_X[f(X, w)] \cong \frac{1}{2} \int q(x) f(x, w)^2 dx.$$

したがって相対的に有限な分散をもつ。

(3) 真の分布が確率モデルに対して正則であれば，正則性の条件から $L(w) - L(w_0) = 0$ であるのは $w = w_0$ のときだけであり，$L(w) - L(w_0)$ は $w = w_0$ の近傍で正定値2次形式で近似できる。また定義から

$$L(w) - L(w_0) = \int q(x) f(x, w_0, w) dx$$

であるから $\mathbb{E}_X[f(x, w_0, w)]$ は w_0 の近傍で w の正定値2次形式である。一方

$$\int q(x) f(x, w_0, w)^2 dx$$

は非負値であり，$w = w_0$ で 0 になる。したがってこの関数は $w = w_0$ の近傍で2次形式で近似できる（正定値とはかぎらない）。前者の固有

値の最小値を $\mu_1 > 0$ として後者の固有値の最大値を $\mu_2 \geq 0$ とすると $w = w_0$ の近傍で

$$\mathbb{E}_X[f(X, w_0, w)] \geq \mu_1 \|w - w_0\|^2, \quad \mathbb{E}_X[f(X, w_0, w)^2] \leq \mu_2 \|w - w_0\|^2$$

である。$c_1 = \mu_2/\mu_1 \geq 0$ とすると，対数尤度比関数が相対的に有限な分散をもつことがわかる。(証明終)

注意 13

(1) 対数尤度比関数が相対的に有限な分散をもたない場合には，自由エネルギー，汎化損失，経験損失の挙動が，3章と4章で述べるものから変化することがある[30]†。

(2) $q(x)$ が $p(x|w)$ で実現可能でなく，かつ $q(x)$ が $p(x|w)$ に対して正則でないときには，$q(x)$ に対して $p(x|w)$ の中で最適な確率分布が実質的にユニークであっても $f(x, w)$ は相対的に有限な分散をもたない場合がある[27]。

注意 14 この節では，真の分布と確率モデルの間の基本的な関係について述べた。これは真の分布と確率モデルのいわば形式的な関係にすぎない。サンプル X^n を介して見える関係ではないからである。確率モデルからサンプルを通して真の分布を見るとき，形式的に正則であるかどうかよりも重要な点がある。それはサンプルの個数によって定まる「解像度」において，真の分布が正則といえるかどうか，という点である。同じ真の分布と確率モデルの組であっても，サンプルが少なければ，真の分布は正則な点に見えないこともあり得る一方，サンプルが増えれば，正則な点に見えてくることがある。すなわち，現実の問題においては，真の分布が確率モデルに対して実質的な意味で正則であるかどうかは，サンプルの個数に依存するのである。それでは，与えられたサンプルの個数に対して真の分布が確率モデルに対して正則であると考えてよいかどう

---

† 肩付番号は，巻末の引用・参考文献の番号を表す。

かはどのようにしたら知ることができるのだろうか。3章と4章ではこうした問題を考えていく。

2.2 理論の基礎

この節では，統計的推測の問題を考察するための基礎を述べる。

2.2.1 基礎概念

まず，1章で述べた定義をまとめよう。真の分布 $q(x)$ からサンプル X^n と X が独立に得られたとしよう。

定義 6 平均対数損失関数は

$$L(w) = -\mathbb{E}_X[\log p(X|w)]. \tag{2.7}$$

経験対数損失関数は

$$L_n(w) = -\frac{1}{n}\sum_{i=1}^{n} \log p(X_i|w). \tag{2.8}$$

定義から $\mathbb{E}[L_n(w)] = L(w)$ である。重要な確率変数は以下の三つである。

1. 自由エネルギー

$$F_n(\beta) = -\frac{1}{\beta}\log Z_n(\beta).$$

2. 汎化損失

$$G_n = -\mathbb{E}_X[\,\log \mathbb{E}_w[p(X|w)]\,].$$

3. 経験損失

$$T_n = -\frac{1}{n}\sum_{i=1}^{n}\log \mathbb{E}_w[p(X_i|w)].$$

2.2.2　正規化された変量

本書では，主として，真の分布 $q(x)$ と確率モデル $p(x|w)$ から定義される対数尤度比関数が相対的に有限な分散をもつ場合を考える．このとき，真の分布に対して最適なパラメータの集合 W_0 はユニークであるとはかぎらないが，最適な確率分布 $p_0(x)$ は実質的にユニークである．そこで $w_0 \in W_0$ がどの要素でも $p(x|w_0)$ は x の確率分布としては同じになる．対数尤度比関数はすでに定義した．

$$f(x,w) = \log \frac{p(x|w_0)}{p(x|w)}$$

である．このとき

$$p(x|w) = p_0(x) e^{-f(x,w)}$$

である．$f(x,w)$ と $-\log p(x|w)$ は定数関数分の差がある．

定義 7　真の分布 $q(x)$ と確率モデル $p(x|w)$ から定まる対数尤度比関数を $f(x,w)$ とする．**平均誤差関数** $K(w)$ と**経験誤差関数** $K_n(w)$ をそれぞれ

$$K(w) = \mathbb{E}_X[f(X,w)]$$

および

$$K_n(w) = \frac{1}{n}\sum_{i=1}^{n} f(X_i, w)$$

によって定義する．

定義からすぐに

$$L(w) = L(w_0) + K(w), \quad L_n(w) = L_n(w_0) + K_n(w)$$

が成り立つことがわかる．またカルバック・ライブラ情報量の性質から $K(w) \geqq 0$ であり

$$K(w) = 0 \iff w \in W_0$$

が成り立つ。正規化された分配関数を

$$Z_n^{(0)}(\beta) = \int \exp(-n\beta K_n(w))\varphi(w)dw$$

と定義すると

$$\prod_{i=1}^{n} p(X_i|w) = \Big(\prod_{i=1}^{n} p(X_i|w_0)\Big) \exp(-nK_n(w))$$

であるから，分配関数は

$$Z_n(\beta) = \exp(-\beta L_n(w_0)) \cdot Z_n^{(0)}(\beta)$$

と書ける。事後分布は

$$p(w|X^n) = \frac{1}{Z_n^{(0)}} \exp(-n\beta K_n(w))\varphi(w)$$

と書ける。

定義 8 正規化された自由エネルギーを

$$F_n^{(0)}(\beta) = -\frac{1}{\beta} \log \int \exp(-n\beta K_n(w))\varphi(w)dw$$

と定義する。汎化誤差 $G_n^{(0)}$ と経験誤差 $T_n^{(0)}$ をそれぞれ

$$G_n^{(0)} = -\mathbb{E}_X[\log \mathbb{E}_w[\exp(-f(X,w))]],$$
$$T_n^{(0)} = -\frac{1}{n}\sum_{i=1}^{n} \log \mathbb{E}_w[\exp(-f(X_i,w))]$$

と定義する。この定義はつぎと等価である。

$$G_n^{(0)} = \mathbb{E}_X\Big[\log \frac{q(X)}{\mathbb{E}_w[p(X|w)]}\Big], \quad T_n^{(0)} = \frac{1}{n}\sum_{i=1}^{n} \log \frac{q(X_i)}{\mathbb{E}_w[p(X_i|w)]}.$$

この定義からすぐにつぎの補題が得られる。

補題 5 以下の式が成り立つ．

$$F_n(\beta) = nL_n(w_0) + F_n^{(0)}(\beta),$$
$$G_n = L(w_0) + G_n^{(0)}, \qquad T_n = L_n(w_0) + T_n^{(0)}.$$

(証明)

$$\log p(x|w) = \log p_0(x) + f(x,w)$$

であることからこの補題の結果が得られる．(証明終)

注意 15 以上で述べたことから，自由エネルギー，汎化損失，経験損失の挙動を理論的に知るためには，正規化された自由エネルギー，汎化誤差，経験誤差の挙動がわかればよいことがわかった．

注意 16 以後の章で示していくことであるが，対数尤度比関数が相対的に有限な分散をもつときには，ある定数 $\lambda, m > 0$ が存在して，$n \to \infty$ のとき

$$\hat{Z}_n^{(0)}(\beta) \equiv \frac{n^\lambda}{(\log n)^{m-1}} Z_n^{(0)}(\beta)$$

は確率変数として法則収束する．事後分布が正規分布で近似できる場合には $\lambda = d/2$ で $m = 1$ である．一方，正規化された分配関数は $\beta = 1$ のとき

$$Z_n^{(0)}(1) = \int \prod_{i=1}^n \frac{p(X_i|w)}{q(X_i)} \varphi(w) dw$$

と書けるので，任意の n について

$$\mathbb{E}[Z_n^{(0)}(1)] = 1$$

が成り立つ．すなわち，確率変数 $\hat{Z}_n^{(0)}(1)$ は $n \to \infty$ で法則収束するが，平均 $\mathbb{E}[\hat{Z}_n^{(0)}(1)]$ は発散している．分配関数は，確率変数としての挙動と平均値の挙動が同じオーダーではないのである．一方，確率変数

$$-\log \hat{Z}_n^{(0)}(\beta)$$

は法則収束し，平均値も収束することがわかるから，自由エネルギーは確率変数としても平均値としても同じオーダーの挙動をもっている．分配関数と自由エネルギーは，実験値としては，どちらか一方が得られればすぐに他方もわかるのであるが，その挙動を見るときには自由エネルギーのほうが適している．

2.2.3 キュムラントと母関数

本書において重要な役割を果たすベイズ統計のキュムラント母関数を説明しよう．この節での計算は3章および4章でベイズ統計の理論をつくる際に必要になる．

定義9 実数 α に対して汎化損失のキュムラント母関数 $\mathcal{G}_n(\alpha)$ と経験損失のキュムラント母関数 $\mathcal{T}_n(\alpha)$ をつぎの式で定義する．

$$\mathcal{G}_n(\alpha) = \mathbb{E}_X[\log \mathbb{E}_w[p(X|w)^\alpha]], \quad \mathcal{T}_n(\alpha) = \frac{1}{n}\sum_{i=1}^n \log \mathbb{E}_w[p(X_i|w)^\alpha].$$

またそれぞれの k 次キュムラント ($k=1,2,...,$) を k 階微分を用いて，つぎのように定める．

$$\left(\frac{d}{d\alpha}\right)^k \mathcal{G}_n(0), \quad \left(\frac{d}{d\alpha}\right)^k \mathcal{T}_n(0).$$

注意17 なお，汎化損失や経験損失に合わせて，キュムラント母関数の符号もマイナスを付けたほうがよいかもしれないが，一般的にキュムラント母関数という場合には，上記の定義のようにすることが多いので，本書でも，このように定義することにした．この定義からすぐに

$$G_n = -\mathcal{G}_n(1), \quad T_n = -\mathcal{T}_n(1)$$

であることがわかる．汎化損失と経験損失の挙動はキュムラント母関数を調べれば解明できるのである．

定義10 確率変数 A に対して，以下のように定義する．

$$\ell_k(A) = \frac{\mathbb{E}_w[(\log p(A|w))^k p(A|w)^\alpha]}{\mathbb{E}_w[p(A|w)^\alpha]}.$$

2.2 理論の基礎

補題 6 汎化損失について

$$\mathcal{G}_n^{(1)}(\alpha) = \mathbb{E}_X[\ell_1(X)], \qquad \mathcal{G}_n^{(2)}(\alpha) = \mathbb{E}_X[\ell_2(X) - \ell_1(X)^2].$$

経験損失については

$$\mathcal{T}_n^{(1)}(\alpha) = \frac{1}{n}\sum_{i=1}^n \ell_1(X_i), \qquad \mathcal{T}_n^{(2)}(\alpha) = \frac{1}{n}\sum_{i=1}^n \{\ell_2(X_i) - \ell_1(X_i)^2\}.$$

(証明) 一般に関数 $g(\alpha)$ の k 次微分を $g^{(k)}(\alpha)$ と書くことにすると

$$\Big(\frac{d}{d\alpha}\Big)\Big(\frac{g^{(k)}(\alpha)}{g(\alpha)}\Big) = \Big(\frac{g^{(k+1)}(\alpha)}{g(\alpha)}\Big) - \Big(\frac{g^{(k)}(\alpha)}{g(\alpha)}\Big)\Big(\frac{g^{(1)}(\alpha)}{g(\alpha)}\Big)$$

であるから,これを繰り返して用いると補題の結果が得られる。(証明終)

注意 18 同様の繰返しにより高次の項が計算できる。後で利用するため,まとめておこう。

$$\begin{aligned}
\mathcal{G}_n^{(3)}(\alpha) &= \mathbb{E}_X[\ell_3(X) - 3\ell_2(X)\ell_1(X) + 2\ell_1(X)^3], \\
\mathcal{G}_n^{(4)}(\alpha) &= \mathbb{E}_X[\ell_4(X) - 4\ell_3(X)\ell_1(X) - 3\ell_2(X)^2 \\
&\qquad + 12\ell_2(X)\ell_1(X)^2 - 6\ell_1(X)^4]. \\
\mathcal{T}_n^{(3)}(\alpha) &= \frac{1}{n}\sum_{i=1}^n \{\ell_3(X_i) - 3\ell_2(X_i)\ell_1(X_i) + 2\ell_1(X_i)^3\}, \\
\mathcal{T}_n^{(4)}(\alpha) &= \frac{1}{n}\sum_{i=1}^n \{\ell_4(X_i) - 4\ell_3(X_i)\ell_1(X_i) - 3\ell_2(X_i)^2 \\
&\qquad + 12\ell_2(X_i)\ell_1(X_i)^2 - 6\ell_1(X_i)^4\}.
\end{aligned}$$

補題 6 に $\alpha = 0$ を代入すると定義 10 より

$$\ell_k(A) = \mathbb{E}_w[(\log p(A|w))^k]$$

であるから,キュムラントの値が求められる。特に $k = 1$ の場合に具体的に書くと

$$\mathcal{G}_n'(0) = \mathbb{E}_X[\mathbb{E}_w[\log p(X|w)]], \qquad \mathcal{T}_n'(0) = \frac{1}{n}\sum_{i=1}^n \mathbb{E}_w[\log p(X_i|w)]$$

になる。したがって

$$\mathcal{G}'_n(0) = -L(w_0) - \mathbb{E}_w[K(w)], \qquad \mathcal{T}'_n(0) = -L_n(w_0) - \mathbb{E}_w[K_n(w)]$$

が成り立つ。また $k=2$ のときには

$$\mathcal{G}''_n(0) = \mathbb{E}_X[\mathbb{E}_w[(\log p(X|w))^2] - \mathbb{E}_w[\log p(X|w)]^2],$$
$$\mathcal{T}''_n(0) = \frac{1}{n}\sum_{i=1}^{n}\{\mathbb{E}_w[(\log p(X_i|w))^2] - \mathbb{E}_w[\log p(X_i|w)]^2\}$$

である。

定義 11 確率変数 A について

$$\mathcal{L}_k(A) = \frac{\mathbb{E}_w[(f(A,w))^k \exp(-\alpha f(A,w))]}{\mathbb{E}_w[\exp(-\alpha f(A,w)]}$$

と定義する。

補題 7 汎化損失について

$$\mathcal{G}_n^{(1)}(\alpha) = L(w_0) + \mathbb{E}_X[\mathcal{L}_1(X)], \qquad \mathcal{G}_n^{(2)}(\alpha) = \mathbb{E}_X[\mathcal{L}_2(X) - \mathcal{L}_1(X)^2].$$

経験損失については

$$\mathcal{T}_n^{(1)}(\alpha) = L_n(w_0) + \frac{1}{n}\sum_{i=1}^{n}\mathcal{L}_1(X_i),$$
$$\mathcal{T}_n^{(2)}(\alpha) = \frac{1}{n}\sum_{i=1}^{n}\{\mathcal{L}_2(X_i) - \mathcal{L}_1(X_i)^2\}.$$

（証明）キュムラントを対数尤度比関数 $f(x,w)$ を用いて書くと

$$\mathcal{G}_n(\alpha) = \alpha L(w_0) - \mathbb{E}_X[\log \mathbb{E}_w[\exp(-\alpha f(X,w))]], \qquad (2.9)$$

$$\mathcal{T}_n(\alpha) = \alpha L_n(w_0) - \frac{1}{n}\sum_{i=1}^{n}\log \mathbb{E}_w[\exp(-\alpha f(X_i,w))] \qquad (2.10)$$

が成り立つ。この式の両辺を k 回微分すると補題 7 が得られる。なお、$k \geq 2$ については補題 6 における $\mathcal{G}_n^{(k)}(\alpha)$ および $\mathcal{T}_n^{(k)}(\alpha)$ の値は置き換え

$$\ell_k(A) \mapsto \mathcal{L}_k(A)$$

を行っても変化しない。（証明終）

注意 19 補題 6 から補題 7 が成立したことと同様に，注意 18 で述べたことは置き換え $\ell_k(A) \mapsto \mathcal{L}_k(A)$ を行ったものについても成立する。

補題 8 さらに，$c_2 = 2$, $c_3 = 6$, $c_4 = 26$ とすると $k = 2, 3, 4$ において

$$\left|\left(\frac{d}{d\alpha}\right)^k \mathcal{G}_n(\alpha)\right| \leq c_k \mathbb{E}_X \left[\frac{\mathbb{E}_w[|f(X,w)|^k \exp(-\alpha f(X,w))]}{\mathbb{E}_w[\exp(-\alpha f(X,w))]}\right],$$

$$\left|\left(\frac{d}{d\alpha}\right)^k \mathcal{T}_n(\alpha)\right| \leq c_k \frac{1}{n} \sum_{i=1}^n \frac{\mathbb{E}_w[|f(X_i,w)|^k \exp(-\alpha f(X_i,w))]}{\mathbb{E}_w[\exp(-\alpha f(X_i,w))]}.$$

(証明) $\mathcal{G}_n(\alpha)$, $\mathcal{T}_n(\alpha)$ の 2 次以上の高階微分は，式 (2.9), (2.10) の右辺第 2 項の高階微分の値と一致する。平均操作 $\mathbb{E}_w^{(\alpha)}[\ ]$ を任意の関数 $g(\ ,w)$ と任意の確率変数 A について

$$\mathbb{E}_w^{(\alpha)}[g(A,w)] \equiv \frac{\mathbb{E}_w[g(A,w) \exp(-\alpha f(A,w))]}{\mathbb{E}_w[\exp(-\alpha f(A,w))]}$$

と定義する。ヘルダーの不等式 (8.2 節) から $j \leq k$ のとき，任意の確率変数 A について

$$\mathbb{E}_w^{(\alpha)}[|f(A,w)|^j] \leq \mathbb{E}_w^{(\alpha)}[|f(A,w)|^k]^{j/k}$$

が成り立つ。このことと補題 7 と注意 19 とから補題 8 が得られる。(証明終)

定理 1 (ベイズ統計の基礎定理) 条件

$$\left|\left(\frac{d}{d\alpha}\right)^3 \mathcal{G}_n(\alpha)\right| = o_p\left(\frac{1}{n}\right), \quad \left|\left(\frac{d}{d\alpha}\right)^3 \mathcal{T}_n(\alpha)\right| = o_p\left(\frac{1}{n}\right)$$

が成り立つと仮定する。このとき汎化損失と経験損失はキュムラントからつぎの公式で計算できる。

$$G_n = -\mathcal{G}_n(1) = -\mathcal{G}_n'(0) - \frac{1}{2}\mathcal{G}_n''(0) + o_p\left(\frac{1}{n}\right), \tag{2.11}$$

$$T_n = -\mathcal{T}_n(1) = -\mathcal{T}_n'(0) - \frac{1}{2}\mathcal{T}_n''(0) + o_p\left(\frac{1}{n}\right). \tag{2.12}$$

ここで

$$\mathcal{G}_n'(0) = -L(w_0) - \mathbb{E}_w[K(w)], \tag{2.13}$$

$$\mathcal{G}_n''(0) = \mathbb{E}_X\Big[\mathbb{E}_w[f(X,w)^2] - \mathbb{E}_w[f(X,w)]^2\Big], \tag{2.14}$$

$$\mathcal{T}_n'(0) = -L_n(w_0) - \mathbb{E}_w\Big[K_n(w)\Big], \tag{2.15}$$

$$\mathcal{T}_n''(0) = \frac{1}{n}\sum_{i=1}^n \Big\{\mathbb{E}_w[f(X_i,w)^2] - \mathbb{E}_w[f(X_i,w)]^2\Big\}. \tag{2.16}$$

(証明) 平均値の定理から $0 \leqq |\alpha^*| \leqq |\alpha|$ を満たす α^* が存在して

$$\mathcal{G}_n(\alpha) = \mathcal{G}_n(0) + \alpha\mathcal{G}_n'(0) + \frac{1}{2}\alpha^2\mathcal{G}_n''(0) + \frac{1}{6}\alpha^3\mathcal{G}_n^{(3)}(\alpha^*)$$

であるので，この式に $\alpha=1$ を代入して補題7を適用すればよい。$\mathcal{T}_n(\alpha)$ についても同様である。(証明終)

上の定理は，サンプルの現れ方について平均する前の確率変数についての定理である。サンプルの現れ方について平均したものについては，さらにつぎの補題の関係が成り立つ。これはベイズ推測において汎化損失と経験損失の間に成り立つ特別な性質である。4章でこの結果が必要になる。

補題 9 サンプルの出方についての平均値について

$$\mathbb{E}[\mathcal{G}_{n-1}(\beta)] = -\mathbb{E}[\mathcal{T}_n(-\beta)]$$

が成り立つ。したがって，3次以上のキュムラントが $1/n$ よりも早く0に近づくときには，次式が成立する。

$$\mathbb{E}\Big[\mathcal{G}_{n-1}'(0) + \frac{\beta}{2}\mathcal{G}_{n-1}''(0)\Big] = \mathbb{E}\Big[\mathcal{T}_n'(0) - \frac{\beta}{2}\mathcal{T}_n''(0)\Big] + o\Big(\frac{1}{n}\Big). \tag{2.17}$$

(証明) 汎化損失のキュムラントの定義を用いて分母と分子を入れ替えて符号を変えると

$$\mathbb{E}[\mathcal{G}_{n-1}(\beta)] = \mathbb{E}\Big[\log\frac{Z_n(\beta)}{Z_{n-1}(\beta)}\Big]$$
$$= -\mathbb{E}\Big[\log\frac{1}{Z_n(\beta)}\int p(X_n|w)^{-\beta}\prod_{i=1}^n p(X_i|w)^\beta \varphi(w)dw\Big]$$

$$= -\mathbb{E}\Big[\log \mathbb{E}_w[p(X_n|w)^{-\beta}]\Big].$$

この式は $X_1, X_2, ..., X_n$ について平均をとっているので $X_1, X_2, ..., X_n$ のどれを入れ替えても値は同じであるから

$$\mathbb{E}[\mathcal{G}_{n-1}(\beta)] = -\mathbb{E}\Big[\frac{1}{n}\sum_{i=1}^{n}\log \mathbb{E}_w[p(X_i|w)^{-\beta}]\Big] = -\mathbb{E}[\mathcal{T}_n(-\beta)].$$

したがって補題の前半が証明できた。補題の後半は両辺を β について展開して平均値の定理を適用することで得られる。(証明終)

2.3 ベイズ統計理論の構造

ベイズ統計の理論では，真の分布・確率モデル・事前分布の三組 (q, p, φ) が与えられたとき，自由エネルギー $F_n(\beta)$，汎化損失 G_n，経験損失 T_n の挙動を解明する。前の節で述べたことから，その目的を実行するためには，つぎのようにすればよいことがわかった。

1) 平均対数損失関数

$$L(w) = -\mathbb{E}_X[\log p(X|w)]$$

を最小にするパラメータの集合 W_0 を求める。

2) W_0 に含まれる w_0 を用いて対数尤度比関数

$$f(x, w) = \log \frac{p(x|w_0)}{p(x|w)}$$

を定義し，経験誤差関数

$$K_n(w) = \frac{1}{n}\sum_{i=1}^{n} f(X_i, w)$$

を求める。

3) 一般分配関数

$$Z_{n,k}(\alpha, \beta) = \int (f(X, w))^k \exp(-\alpha f(X, w) - n\beta K_n(w))\varphi(w)dw$$

の挙動を解明する。これより

$$\mathcal{L}_k(X) = \frac{\mathbb{E}_w[(f(X,w))^k \exp(-\alpha f(X,w))]}{\mathbb{E}_w[\exp(-\alpha f(X,w))]} = \frac{Z_{n,k}(\alpha,\beta)}{Z_{n,0}(\alpha,\beta)}$$

が計算できる。

4) 正規化された自由エネルギーは

$$F_n^{(0)}(\beta) = -\frac{1}{\beta} \log Z_{n,0}(0,\beta)$$

より求められる。これより自由エネルギーの挙動がわかる。

5) 定理 1 から汎化損失と経験損失の挙動がわかる。すなわち式 (2.13), (2.14), (2.15), (2.16) の四つの量の値を計算して，式 (2.11), (2.12) に代入すれば，G_n, T_n が計算できる。

この方針に従って 3 章では事後分布が正規分布で近似できる場合の理論を，4 章では事後分布が正規分布で近似できない一般的な場合の理論をつくっていく。

2.4 質問と回答

質問 3 自由エネルギーと汎化損失のキュムラント母関数の違いを教えてください。

回答 3 本書においては自由エネルギーは

$$F_n(\beta) = -\frac{1}{\beta} \log \int \prod_{i=1}^{n} p(X_i|w)^\beta \varphi(w) dw \tag{2.18}$$

です。一方，汎化損失のキュムラント母関数は

$$\mathcal{G}_n(\alpha) = \mathbb{E}_X \left[\log \frac{\int p(X|w)^\alpha \prod_{i=1}^{n} p(X_i|w)^\beta \varphi(w) dw}{\int \prod_{i=1}^{n} p(X_i|w)^\beta \varphi(w) dw} \right] \tag{2.19}$$

です。両者は似ていますが，α を変化させることと β を変化させることには違いがあります。実際 $F_n(\beta)$ がわかったとしても，それだけでは $\mathcal{G}_n(\alpha)$ は導出できません。

質問 4 ベイズ推測の理論をつくるとき，汎化損失のキュムラント母関数の平均 $\mathbb{E}[\mathcal{G}_n(\alpha)]$ を計算しておいてから，これを k 回微分してから $\alpha = 0$ とおくことにより $(d/d\alpha)^k \mathbb{E}[\mathcal{G}_n(0)]$ を求めるという計算法を用いてよいでしょうか。

回答 4 もしも $\mathbb{E}[\mathcal{G}_n(\alpha)]$ の値が厳密に求められるときには，その計算法を行っても大丈夫です。ただし，現実の問題では，この値が厳密に計算できることはまれなのでなんらかの意味で近似したり展開したりすることになります。このとき，$\mathbb{E}[\mathcal{G}_n(\alpha)]$ の近似値の微分が微分の近似値になっている保証はありません。例えば 5 章で紹介するような平均場近似法を利用して $\mathbb{E}[\mathcal{G}_n(\alpha)]$ の近似値を求めたとき，多くの場合，近似値の微分は微分の近似値にはなっていません。これは数学的な意味での厳密性の問題ではなくむしろ自然科学的な意味での厳密性の問題です。注意が必要な点だと思います。

章 末 問 題

【1】 1.2.3 項で述べた指数型分布と共役事前分布

$$p(x|w) = v(x)\exp(f(w) \cdot g(x)), \quad \varphi(w|\phi) = \frac{1}{z(\phi)}\exp(\phi \cdot f(w))$$

について汎化損失と経験損失のキュムラント母関数を計算せよ。

【2】 上記の問題において，特に確率モデル $x, w \in \mathbb{R}^N$ を考える。

$$p(x|w) = \frac{1}{(2\pi)^{N/2}}\exp\left(-\frac{\|x\|^2}{2}\right)\exp\left(w \cdot x - \frac{\|w\|^2}{2}\right),$$

$$\varphi(w|\phi_1, \phi_2) = \frac{1}{z(\phi_1, \phi_2)}\exp\left(\phi_1 \cdot w - \phi_2 \frac{\|w\|^2}{2}\right).$$

真の分布が $p(x|w_0)$ のとき，汎化損失のキュムラント母関数を計算せよ。また，汎化損失の平均 $\mathbb{E}[G]$ を求めよ。

3

正 則 理 論

　この章では,事後分布が正規分布で近似できるという特別な場合に限り成り立つ理論を考える。

　事後分布が正規分布で近似できるための条件は三つある。まず第一に,真の分布に対して最適なパラメータが一つであることが必要である。すなわち

$$L(w) = -\mathbb{E}_X[\log p(X|w)]$$

を最小にするパラメータが一つ w_0 だけであると仮定する。第 2 に,行列 $J = (J_{ij})$

$$J_{ij} \equiv \left(\nabla^2 L(w_0)\right)_{ij} = \left(\frac{\partial^2 L}{\partial w_i \partial w_j}\right)(w_0) \tag{3.1}$$

の固有値がすべて正であることが必要である。本書では ∇^2 はラプラシアン $\Delta = \nabla \cdot \nabla$ の記号ではなく,上記の意味の 2 階微分を表す記号として用いる。第 3 に,サンプルの数 n が非常に大きいということが必要である。以上の条件が満たされているとき,事後分布は

$$L_n(w) = -\frac{1}{n}\sum_{i=1}^{n} \log p(X_i|w)$$

を最小にする点すなわち最尤推定量 $\hat{w}$ を中心にして分散共分散行列が $(nJ)^{-1}$ の正規分布で近似することができる。その結果,以下のことが示される。

(1) 定理 2 において,自由エネルギーはつぎの挙動をもつことを示す。ここで d はパラメータ空間の次元である。

$$F_n(\beta) = nL_n(w_0) + \frac{d}{2\beta}\log n + O_p(1).$$

(2) 定理 3 において，汎化損失，経験損失の挙動を導出することができることを示す。またサンプルと確率モデルだけから計算できる行列 I が存在して

$$\mathrm{RIC} = T_n + \frac{1}{n}\mathrm{tr}(IJ^{-1})$$

とおくと $G_n - L(w_0)$ と $\mathrm{RIC} - L_n(w_0)$ は平均も分散も漸近的に等しいことを示す。

注意 20 事後分布を正規分布で近似する理論のよい点は，統計的推測の問題が有限次元の正規分布の積分の問題に帰着するため，理論が簡明でシンプルになることである。一方，この理論の弱点は，現実の問題が，この理論を適用できるケースに相当するかどうかを，この理論の中では判断することができないということである。1 章の 1.4 節で紹介したように事後分布が正規分布で近似できるためのサンプルの個数は，確率モデルや真の分布に強く依存しているため，最尤推定量 $\hat{w}$ を求めて，その点での行列 $\nabla^2 L(\hat{w})$ が正則であったとしても，それだけではサンプル数が十分に大きいかどうかはわからない。

3.1 基礎数学の公式

この章で使う基礎数学の知識を確認する。大学初年度に開講されている線形代数と微分積分を習っている読者はこの節は飛ばしてよい。

3.1.1 転置行列，トレース，行列式

一般に $k \times d$ 行列 $A = (A_{ij})$ について，その**転置行列** A^T とは $d \times k$ 行列で，$A^T = (A_{ji})$ のことである。なお転置行列を表す記号は本によって異なるので注意が必要である。d 次元ベクトル v を $d \times 1$ 行列と考える（縦ベクトル）。このとき v^T は $1 \times d$ 行列である（横ベクトル）。$d \times d$ 行列 A の**トレース**を

$$\mathrm{tr}(A) = \sum_{i=1}^{d} A_{ii}$$

と書く。$d \times d$ 行列 A, B について一般には $AB \neq BA$ であるが、一般に

$$\operatorname{tr}(AB) = \operatorname{tr}(BA)$$

が成り立つ。u, v を d 次元のベクトルとするとき、その内積を

$$u \cdot v = \sum_{i=1}^{d} u_i v_i$$

と書く。ベクトル u のノルムを $\|u\|$ で表す。$\|u\| = \sqrt{u \cdot u}$ である。

$$u \cdot v = u^T v = \operatorname{tr}(v u^T)$$

が成り立つ。これより

$$(u \cdot v)^2 = v^T u u^T v = \operatorname{tr}(u u^T v v^T)$$

が得られる。また

$$u \cdot Av = (A^T u) \cdot v = \operatorname{tr}(A v u^T)$$

が成り立つ。$d \times d$ 行列 A の**行列式**を

$$\det(A) = \sum_{\sigma} \operatorname{sgn}(\sigma) A_{1\sigma(1)} A_{2\sigma(2)} \cdots A_{d\sigma(d)}$$

と書く。ここで、σ は要素の数が d 個の集合から自分自身への全単射を表す（置換という）。置換の個数は全部で $d!$ 個であるが、$\sum_{\sigma}$ は置換全体の集合に関する和であり、$\operatorname{sgn}(\sigma)$ は奇置換のとき -1 で偶置換のとき 1 である。任意の $d \times d$ 行列 A, B について

$$\det(AB) = \det(A) \det(B)$$

が成り立つ。

3.1.2 対称行列，固有値，正定値行列

$d \times d$ 行列 A が**可逆**あるいは**正則**であるとは $A^{-1}A$ が単位行列（対角要素が1で他の要素が0の行列）となるような行列 A^{-1} が存在することである。A が可逆であるとき A^{-1} を A の**逆行列**という。実数を要素にもつ $d \times d$ 行列 $A = (A_{ij})$ が**対称行列**であるとは，$A = A^T$ が成り立つことである。また実数を要素にもつ $d \times d$ 行列 $R = (R_{ij})$ が**直交行列**であるとは，$R^T R$ が単位行列であることである。$d \times d$ 行列 A が**対角行列**であるとは，$i \neq j$ ならば $A_{ij} = 0$ が成り立つことである。任意の対称行列 A に対して $R^{-1}AR$ を対角行列にするような直交行列 R が存在する。すなわち

$$R^{-1}AR = \begin{pmatrix} \lambda_1 & 0 & \cdots & 0 \\ 0 & \lambda_2 & 0 & 0 \\ 0 & 0 & \cdots & 0 \\ 0 & \cdots & 0 & \lambda_d \end{pmatrix}$$

とできる。このとき対角行列 $R^{-1}AR$ を求めることを「A を対角化する」という。なお，対称行列でない行列は一般には対角化できるとはかぎらないが，可逆行列を用いてジョルダン標準形にすることができる。

$d \times d$ 行列 A について，複素数 λ と複素数を要素とするベクトル $v \neq 0$ が存在して

$$Av = \lambda v$$

が成り立つとき，λ を A の**固有値**といい，v を A の**固有ベクトル**という。対称行列の固有値はすべて実数であり，固有ベクトルも実数を要素にもつようにできる。対称行列 A を対角化したとき，対角項は固有値であり，固有値はすべて対角項である。対称行列 A の固有値がすべて0よりも大きいとき，A を**正定値行列**であるという。A が正定値行列であることは，実数を要素とする任意のベクトル $v \neq 0$ に対して

$$v \cdot Av > 0$$

が成り立つことと同値である。なお，対称行列 A のすべての要素が正であることは，A が正定値行列であることの必要条件でも十分条件でもない。

正定値行列 A を対角化して

$$A = R \begin{pmatrix} \lambda_1 & 0 & \cdots & 0 \\ 0 & \lambda_2 & 0 & 0 \\ 0 & 0 & \cdots & 0 \\ 0 & \cdots & 0 & \lambda_d \end{pmatrix} R^{-1}$$

と表したとき，実数 α について行列 A の指数乗を

$$A^\alpha = R \begin{pmatrix} (\lambda_1)^\alpha & 0 & \cdots & 0 \\ 0 & (\lambda_2)^\alpha & 0 & 0 \\ 0 & 0 & \cdots & 0 \\ 0 & \cdots & 0 & (\lambda_d)^\alpha \end{pmatrix} R^{-1}$$

と定義する。このとき A^α も正定値行列である。$(A^{1/2})^2 = A$ が成り立つ。A から A^α はユニークに定まる（R の選び方には依存しない）。なお，$B^2 = A$ を満たす対称行列 B はユニークではないことに注意せよ。A が正定値行列であれば 2 次式について平方完成ができる。例えば

$$\frac{1}{2}(u \cdot Au) - u \cdot v = \frac{1}{2}\|A^{1/2}(u - A^{-1}v)\|^2 - \frac{1}{2}\|A^{-1/2}v\|^2.$$

3.1.3 積分公式

$w \in \mathbb{R}^d$ とし，A を $d \times d$ の正定値行列であるとする。このとき

$$\int \exp\left(-\frac{n}{2}w \cdot A^{-1}w\right)dw = \frac{(2\pi)^{d/2}\det(A)^{1/2}}{n^{d/2}}.$$

平均が $a \in \mathbb{R}^d$ で分散共分散行列が A の**正規分布**は

$$p(w) = \frac{1}{(2\pi)^{d/2}\det(A)^{1/2}} \exp\left(-\frac{1}{2}(w-a) \cdot A^{-1}(w-a)\right)$$

という式で表される。この正規分布を $\mathcal{N}(a,A)$ という記号で表す。このとき

$$\int w\, p(w)dw = a$$

であり，任意の $d \times d$ 行列 B について

$$\int (w-a)\cdot B(w-a)\, p(w)dw = \mathrm{tr}(BA)$$

である。B を $d \times d$ の可逆行列とする。確率変数 X の確率分布が $\mathcal{N}(a,A)$ であるとき確率変数

$$Y = BX + b$$

の確率分布は $\mathcal{N}(Ba+b,\, BAB^T)$ である。

3.1.4 平均値の定理

平均値の定理は「確率論における平均値」に関する定理ではなく，関数の変化の平均的な挙動についての定理である。$k_1, k_2, ..., k_d$ を非負の整数とする。**多重指数**

$$k = (k_1, k_2, ..., k_d)$$

について，記号 $|k|$ と $k!$ を

$$|k| = k_1 + k_2 + \cdots + k_d, \qquad k! = (k_1)!(k_2)!\cdots(k_d)!$$

と定める。$\mathbb{R}^d$ の $w = w_0$ を含む開集合上で定義された $(r+1)$ 回連続微分可能な関数 $g(w)$ について $|k| \leq r+1$ のとき

$$\frac{\partial^k g}{\partial w^k}(w) = \Big(\prod_{j=1}^{d} \frac{\partial^{k_j}}{\partial w_j^{k_j}}\Big) g(w)$$

と定義する。また

$$(w-w_0)^k = \prod_{j=1}^{d}(w_j - (w_0)_j)^{k_j}$$

と定義する。これらは多変数の関数の微分において一般的に利用される記法である。**平均値の定理**とはつぎのことを述べた定理のことである。任意の w に対して，w により定まるある w^* が存在して

$$g(w) = \sum_{|k| \leq r} \frac{\partial^k g}{\partial w^k}(w_0) \frac{(w-w_0)^k}{k!} + \sum_{|k|=r+1} \frac{\partial^k g}{\partial w^k}(w^*) \frac{(w-w_0)^k}{k!} \tag{3.2}$$

が成立する。ここで w^* はある $0 < \theta < 1$ が存在して

$$w^* = w_0 + \theta(w - w_0)$$

と表される。特に $\|w^* - w_0\| \leq \|w - w_0\|$ であるから，$w \to w_0$ のとき $w^* \to w_0$ が成り立つ。

3.2 分配関数の挙動

3章では確率モデルに対して真の分布が正則であることを仮定するが，真の分布が確率モデルで実現可能であってもなくてもよい。3章ではパラメータの集合はコンパクトであると仮定する。

仮定から，真の分布に対して最適なパラメータの集合の要素は一つであり，それを w_0 と書く。平均対数損失 $L(w)$ を最小にする確率分布は $p_0(x) = p(x|w_0)$ である。前章で定義したように，対数尤度比関数は

$$f(x, w) = \log \frac{p_0(x)}{p(x|w)} = \log \frac{p(x|w_0)}{p(x|w)}$$

であり，平均誤差関数は $K(w) = \mathbb{E}_X[f(X, w)]$ である。平均損失関数 $L(w)$ との間に $L(w) = K(w) + L(w_0)$ という関係がある。$w = w_0$ のとき

$$K(w_0) = 0, \quad \nabla K(w_0) = 0, \quad f(x, w_0) = 0$$

である。ここで $\nabla = (\partial/\partial w)$ である。また経験誤差関数は

$$nK_n(w) = \sum_{i=1}^{n} f(X_i, w)$$

である。正規化された分配関数

$$Z_n^{(0)}(\beta) = \int \exp(-n\beta K_n(w))\varphi(w)dw$$

を二つの和で書く。

$$Z_n^{(0)}(\beta) = Z_n^{(1)}(\beta) + Z_n^{(2)}(\beta).$$

ここで

$$Z_n^{(1)}(\beta) = \int_{K(w)<\epsilon} \exp(-n\beta K_n(w))\varphi(w)dw,$$
$$Z_n^{(2)}(\beta) = \int_{K(w)\geqq\epsilon} \exp(-n\beta K_n(w))\varphi(w)dw.$$

値 $\epsilon > 0$ は n の単調減少関数で

$$\lim_{n\to\infty} \epsilon = 0, \tag{3.3}$$
$$\lim_{n\to\infty} \sqrt{n}\,\epsilon = \infty \tag{3.4}$$

を満たすものとする。例えば $\epsilon = 1/n^{1/4}$ とすればこの二つの条件は満たされている。以下で述べるように n が非常に大きければ, $Z_n^{(1)}(\beta)$ は $Z_n^{(2)}(\beta)$ よりもはるかに大きくなる。そこで $Z_n^{(1)}(\beta)$ を**分配関数の主要項**と呼び, $Z_n^{(2)}(\beta)$ を**分配関数の非主要項**と呼ぶことにしよう。

3.2.1 準　　　備

経験誤差関数 $K_n(w)$ を確率的に変動しない関数と変動する関数に分ける。

$$K_n(w) = K(w) - (K(w) - K_n(w)).$$

まずこの式の右辺第2項の挙動を考える。確率的に変動する関数のことを**確率過程**という。

定義 12 パラメータ $w \in W$ について，確率過程 $\eta_n(w)$ を

$$\eta_n(w) = \frac{1}{\sqrt{n}} \sum_{i=1}^{n} (K(w) - f(X_i, w)) \tag{3.5}$$

と定義する。また確率変数 ξ_n と $\hat{\xi}_n$ を

$$\xi_n = J^{-1/2} \nabla \eta_n(w_0), \tag{3.6}$$

$$\hat{\xi}_n = J^{-1} \nabla \eta_n(w_0) = J^{-1/2} \xi_n \tag{3.7}$$

と定義する。

補題 10 確率過程 $\eta_n(w)$ は一般には正規確率過程ではないが，平均関数が 0 で相関関数が

$$\mathbb{E}_X[f(X, w)f(X, w')] - K(w)K(w')$$

である。同じ平均と相関関数により定まる正規確率過程を $\eta(w)$ とすると $\eta_n(w)$ は $\eta(w)$ に法則収束する。

（説明）正規確率過程と法則収束の定義，およびこの補題が成り立つための条件については，8.5.3 項で解説している。（説明終）

定義 13 $d \times d$ 行列 $I(w)$ を

$$I(w) = \mathbb{E}_X[\nabla f(X, w)(\nabla f(X, w))^T] - \nabla K(w)(\nabla K(w))^T$$

と定義し，$I = I(w_0)$ とおく。なお，$w = w_0$ のとき，この式の第 2 項は 0 である。$I(w)$ は対称行列で固有値はすべて 0 以上である。

補題 11 $I(w)$ が正定値行列であると仮定する。
 (1) 各 $w \in W$ について，確率変数 $\nabla \eta_n(w)$ は $\mathcal{N}(0, I(w))$ に法則収束する。
 (2) 確率変数 ξ_n は正規分布 $\mathcal{N}(0, J^{-1/2} I J^{-1/2})$ に法則収束する。
 (3) $\hat{\xi}_n$ は正規分布 $\mathcal{N}(0, J^{-1} I J^{-1})$ に法則収束する。

(証明)

(1) $\eta_n(w)$ の定義から

$$\nabla \eta_n(w) = \frac{1}{\sqrt{n}} \sum_{i=1}^n (\nabla K(w) - \nabla f(X_i, w))$$

である。中心極限定理 (8.5.2 項) より，これは平均が 0 で分散共分散行列が

$$\mathbb{E}_X[(\nabla K(w) - \nabla f(X,w))(\nabla K(w) - \nabla f(X,w))^T]$$

の正規分布に法則収束する。$\nabla K(w) = \mathbb{E}_X[\nabla f(X,w)]$ であることから，この行列は $I(w)$ と等しい。

(2), (3) 定義式 (3.6), (3.7) と，3.1.3 項の最後で説明したことから明らか。

3.2.2 分配関数の非主要項

まず非主要項 $Z_n^{(2)}(\beta)$ について考える。

補題 12 非主要項は

$$Z_n^{(2)}(\beta) = o_p(\exp(-\sqrt{n}))$$

のオーダーで 0 に収束する。

(証明) 経験誤差関数は $\eta_n(w)$ の定義式 (3.5) から

$$K_n(w) = K(w) - \frac{1}{\sqrt{n}} \eta_n(w)$$

と書くことができる。相加相乗平均の不等式から

$$\sqrt{n}\, \eta_n(w) \leq \frac{1}{2} \left(n\epsilon + \frac{\sup_w \eta_n(w)^2}{\epsilon} \right)$$

であるから

$$Z_n^{(2)}(\beta) \leq \int_{K(w) \geq \epsilon} \exp(-n\beta\epsilon + \beta\sqrt{n}\eta_n(w))\varphi(w)dw$$

$$\leq \exp(-n\beta\epsilon + \sqrt{n}\beta \sup_w \eta_n(w)) \int \varphi(w)dw$$

$$\leq \exp\left(-\frac{n\beta\epsilon}{2} + \frac{\beta \sup_w \eta_n^2(w)}{2\epsilon}\right).$$

式 (3.4) と経験過程の性質（8.5.3 項参照）より，この値は $\exp(-\sqrt{n})$ よりも早いオーダーで 0 に収束する。（証明終）

注意 21 非主要項のオーダー導出においては，確率モデルが真の分布に対して正則であることは用いていないので，この補題 12 は正則条件がなくても成り立つ。このことは 4 章でも利用する。

3.2.3 分配関数の主要項

つぎに分配関数の主要項 $Z_n^{(1)}(\beta)$ について考える。注意 16 で述べたように，$\beta = 1$ のときの分配関数 $Z_n^{(0)}(1)$ の平均値はつねに 1 であるが，確率変数としては 0 に収束する。主要項も同様の性質をもっている。

補題 13 分配関数の主要項は

$$Z_n^{(1)}(\beta) = \left(\frac{2\pi}{n\beta}\right)^{d/2} \det(J)^{-1/2} \cdot \exp\left(\frac{\beta}{2}\|\xi_n\|^2\right) \times \varphi(w_0)(1 + o_p(1))$$

と書ける。したがって確率変数としては $Z_n^{(1)}(\beta)$ は $1/n^{d/2}$ のオーダーで 0 に近づく。

（証明）積分する領域は $K(w) < \epsilon$ であるから，$w = w_0$ の近傍だけで積分を行うことになる。w_0 と対数尤度比関数の定義から

$$K(w_0) = 0, \quad \nabla K(w_0) = 0, \quad \eta_n(w_0) = 0$$

である。ここで $\eta_n(w)$ は式 (3.5) で定義したものである。$w = w_0$ の近傍で平均値の定理（式 (3.2)）を用いると

3.2 分配関数の挙動

$$K(w) = \frac{1}{2}(w - w_0) \cdot J(w^*)(w - w_0),$$
$$\eta_n(w) = (w - w_0) \cdot \nabla \eta_n(w^{**})$$

が成り立つような w^* と w^{**} が存在する。また $n \to \infty$ のとき $\epsilon \to 0$ であることから $w^*, w^{**} \to w_0$ が成り立つ。以上の標記を用いると

$$nK_n(w) = \frac{n}{2}(w - w_0) \cdot J(w^*)(w - w_0) - \sqrt{n}\,(w - w_0) \cdot \nabla \eta_n(w^{**}) \tag{3.8}$$

である。行列 $J(w_0)$ は正則であり,$\epsilon \to 0$ であるから,領域 $K(w) < \epsilon$ においては行列 $J(w^*)$ は正則であると考えてよい。$(w - w_0)$ について平方完成すると

$$nK_n(w) = \frac{n}{2}\Big\| J(w^*)^{1/2}\Big(w - w_0 - \frac{1}{\sqrt{n}} J(w^*)^{-1} \nabla \eta_n(w^{**})\Big)\Big\|^2$$
$$- \frac{1}{2}\| J(w^*)^{-1/2} \nabla \eta_n(w^{**}) \|^2$$

である。さて,領域 $K(w) < \epsilon$ では,平均値の定理を成立させる w^* と w^{**} は

$$w^* = w_0 + o_p(1), \qquad w^{**} = w_0 + o_p(1)$$

である。したがって $\xi_n, \hat{\xi}_n$ の定義式 (3.6), (3.7) より

$$J(w^*) = J + o_p(1), \qquad J(w^*)^{-1/2} \nabla \eta_n(w^{**}) = \xi_n + o_p(1),$$
$$\nabla \eta_n(w^{**}) = \hat{\xi}_n + o_p(1)$$

である。これを式 (3.8) に適用して平方完成を考えると,積分値の比の違いは定数オーダーよりも小さいから

$$Z_n^{(1)}(\beta) = \int_{K(w) < \epsilon} \exp\Big(-\frac{n\beta}{2}\Big\| J^{1/2}\Big(w - w_0 - \frac{\hat{\xi}_n}{\sqrt{n}}\Big)\Big\|^2\Big) dw$$
$$\times \exp\Big(\frac{\beta}{2}\|\xi_n\|^2\Big) \times \varphi(w_0)(1 + o_p(1)).$$

この被積分関数は平均が $w_0 + \hat{\xi}_n/\sqrt{n}$ で分散共分散が $(n\beta J)^{-1}$ の正規分布に比例する。式 (3.4) より積分領域

$$K(w) = \frac{1}{2}(w-w_0) \cdot J(w-w_0) + o(|w|^3) < \epsilon$$

は被積分関数が主要な値をとる領域を含んでいる。したがって $n \to \infty$ のとき積分領域が $\mathbb{R}^d$ の積分と同じ値に収束する。以上より

$$Z_n^{(1)}(\beta) = \int \exp\left(-\frac{n\beta}{2}\left\|J^{1/2}\left(w - w_0 - \frac{\hat{\xi}_n}{\sqrt{n}}\right)\right\|^2\right)dw$$
$$\times \exp\left(\frac{\beta}{2}\|\xi_n\|^2\right) \times \varphi(w_0)(1 + o_p(1)). \tag{3.9}$$

この積分を行うと補題が得られる。(証明終)

分配関数の挙動が導出できたので自由エネルギーの挙動も導出できる。自由エネルギーは確率変数の挙動と平均の挙動が同じである。

定理 2 確率モデルに対して真の分布が正則であり、事後分布が正規分布で近似できるほどサンプルが多ければ、自由エネルギーは

$$F_n(\beta) = nL_n(w_0) + \frac{d}{2\beta}\log n + \frac{1}{2\beta}\log\det J$$
$$+ \frac{d}{2\beta}\log\left(\frac{\beta}{2\pi}\right) - \frac{1}{2}\|\xi_n\|^2 - \frac{1}{\beta}\log\varphi(w_0) + o_p(1).$$

また平均値は

$$\mathbb{E}[F_n(\beta)] = nL(w_0) + \frac{d}{2\beta}\log n + \frac{1}{2\beta}\log\det J$$
$$+ \frac{d}{2\beta}\log\left(\frac{\beta}{2\pi}\right) - \frac{1}{2}\operatorname{tr}(IJ^{-1}) - \frac{1}{\beta}\log\varphi(w_0) + o(1).$$

(証明) 上記の二つの補題から、$Z_n^{(2)}(\beta)/Z_n^{(1)}(\beta)$ は指数のオーダーで 0 に近づく。したがって正規化された自由エネルギーは

$$F_n^{(0)}(\beta) = -\frac{1}{\beta}\log(Z_n^{(1)}(\beta) + Z_n^{(2)}(\beta))$$
$$= -\frac{1}{\beta}\log Z_n^{(1)}(\beta) - \frac{1}{\beta}\log\left(1 + \frac{Z_n^{(2)}(\beta)}{Z_n^{(1)}(\beta)}\right)$$

$$= \frac{d}{2\beta}\log n + \frac{1}{2\beta}\log\det J + \frac{d}{2\beta}\log\left(\frac{\beta}{2\pi}\right) - \frac{1}{2}\|\xi_n\|^2$$
$$-\frac{1}{\beta}\log\varphi(w_0) + o_p(1)$$

である。補題 5 により定理の前半が得られる。定理の後半は，$\mathbb{E}[L_n(w_0)] = \mathbb{E}[L(w_0)]$ であることと，ξ_n が平均 0 分散共分散行列の $J^{-1/2}IJ^{-1/2}$ の正規分布に収束することから導かれる。(証明終)

注意 22 定理 2 から自由エネルギーの挙動が得られた。一般に確率変数 $nL_n(w_0)$ の平均値は $nL(w_0)$ であり，その分散は $n\mathbb{V}_X[f(X,w_0)]$ である。標準偏差は $\sqrt{n}$ オーダーである。真の分布が確率モデルによって実現可能であるときには真の分布の経験エントロピーを S_n とすると $nL_n(w_0) = nS_n$ である。このときは $nL_n(w_0)$ は真の分布とサンプルだけで定まり確率モデルと事前分布に依存しない。したがって真の分布を実現できるモデルの比較において，自由エネルギーの値の差として現れる主要な項は $(d/2\beta)\log n$ であり，この項が確率的に揺れていないという点が重要である。なお定理 2 は行列 I が固有値 0 をもっていても成立する。

補題 14 真の分布が確率モデルで実現可能であり，真の分布が確率モデルに対して正則であるならば $I = J$ である。したがって

$$\mathrm{tr}(IJ^{-1}) = d$$

が成り立つ。ここで d はパラメータ空間の次元である。

(証明) ∇ で $\partial/\partial w$ を表す。行列 $J = J(w_0)$ の定義より

$$J = -\mathbb{E}_X[\nabla^2\log p(X|w_0)] = -\mathbb{E}_X[\nabla(\nabla p(X|w_0)/p(X|w_0))]$$
$$= -\mathbb{E}_X[(\nabla^2 p(X|w_0))/p(X|w_0)]$$
$$+ \mathbb{E}_X[(\nabla p(X|w_0))(\nabla p(X|w_0))^T/p(X|w_0)^2].$$

仮定より $p(x|w_0) = q(x)$ であるから第 1 項は

$$\mathbb{E}_X\Big[\frac{\nabla^2 p(X|w_0)}{q(X)}\Big] = \int \nabla^2 p(x|w_0)dx = 0.$$

ここで,最後の式は $p(x|w)$ の x に関する積分が w によらず 1 であることから得られる。また,第 2 項は

$$\mathbb{E}_X[(\nabla \log p(X|w_0))(\nabla \log p(X|w_0))^T]$$

と等しいが,これは $I = I(w_0)$ である。したがって補題が得られた。(証明終)

注意 23 確率モデルが真の分布を含んでいないとき,簡単な確率モデルを用いて I と J の違いを調べてみよう。$x, w \in \mathbb{R}^d$ とする。

$$p(x|w) = \frac{1}{(2\pi\sigma^2)^{d/2}} \exp\Big(-\frac{\|x-w\|^2}{2\sigma^2}\Big),$$
$$q(x) = \frac{1}{(2\pi)^{d/2}} \exp\Big(-\frac{\|x\|^2}{2}\Big)$$

とする。$q(x)$ が $p(x|w)$ で実現可能であるのは,$\sigma^2 = 1$ のときだけである。まず

$$-\log p(X|w) = \frac{\|X-w\|^2}{2\sigma^2} + \frac{d}{2}\log(2\pi\sigma^2)$$

であるから

$$L(w) = -\mathbb{E}_X[\log p(X|w)] = \frac{d + \|w\|^2}{2\sigma^2} + \frac{d}{2}\log(2\pi\sigma^2)$$

である。したがって,真の分布に対して最適なパラメータは $w_0 = 0$ である。単位行列を E で表すと

$$J = -\mathbb{E}_X[\nabla^2 \log p(X|w_0)] = \frac{\nabla^2 \|w\|^2}{2\sigma^2} = \frac{E}{\sigma^2},$$
$$I = \mathbb{E}_X[\nabla \log p(X|w_0)(\nabla \log p(X|w_0))^T] = \frac{E}{\sigma^4}.$$

これより $\mathrm{tr}(IJ^{-1}) = d/\sigma^2$ である。したがって

$$\mathrm{tr}(IJ^{-1}) > d \iff \sigma < 1.$$

3.3 スケーリング

前節では，分配関数 $Z_n(\beta)$ の挙動について考察した．一般に分配関数の挙動を解明することは，事後微小積分

$$\Omega(w)dw = \exp(-n\beta K_n(w))\varphi(w)dw$$

の挙動を解明することと数理的に等価な作業である．実際，補題の証明の中で現れる式 (3.9) から，事後分布がつぎの挙動をもつことが明らかになった．

補題 15 事後分布はつぎの漸近挙動をもつ．

$$\mathbb{E}_w[\ ] = \frac{\int (\ )\exp\left(-\frac{n\beta}{2}\left\|J^{1/2}\left(w-w_0-\frac{\hat{\xi}_n}{\sqrt{n}}\right)\right\|^2\right)dw}{\int \exp\left(-\frac{n\beta}{2}\left\|J^{1/2}\left(w-w_0-\frac{\hat{\xi}_n}{\sqrt{n}}\right)\right\|^2\right)dw}(1+o_p(1)).$$

このことからつぎの補題が得られる．

補題 16 以下が成立する．

$$\mathbb{E}_w[w] = w_0 + \frac{1}{\sqrt{n}}\hat{\xi}_n + o_p\left(\frac{1}{\sqrt{n}}\right), \tag{3.10}$$

$$\mathbb{E}_w[(w-w_0)(w-w_0)^T] = \frac{J^{-1}}{n\beta} + \frac{\hat{\xi}_n\hat{\xi}_n^T}{n} + o_p\left(\frac{1}{n}\right), \tag{3.11}$$

$$\mathbb{E}_w[f(x,w)] = \frac{\hat{\xi}_n}{\sqrt{n}}\cdot\nabla f(x,w_0) + o_p\left(\frac{1}{\sqrt{n}}\right). \tag{3.12}$$

また

$$\begin{aligned}&\mathbb{E}_w[f(x,w)^2] - \mathbb{E}_w[f(x,w)]^2\\&= \frac{1}{n\beta}\mathrm{tr}(J^{-1}(\nabla f(x,w_0))(\nabla f(x,w_0))^T) + o_p\left(\frac{1}{n}\right).\end{aligned} \tag{3.13}$$

(証明) まず，パラメータの平均の式 (3.10) は補題 15 から直接得られる．同様にして

$$\mathbb{E}_w\left[\left(w-w_0-\frac{\hat{\xi}_n}{\sqrt{n}}\right)\left(w-w_0-\frac{\hat{\xi}_n}{\sqrt{n}}\right)^T\right]=\frac{J^{-1}}{n\beta}+o_p\left(\frac{1}{n}\right)$$

である。これを展開すると式 (3.11) が得られる。さらに補題 15 から

$$\mathbb{E}_w\left[\left\|J^{1/2}\left(w-w_0-\frac{\hat{\xi}_n}{\sqrt{n}}\right)\right\|^2\right]=\frac{\operatorname{tr}(J^{-1}J)}{2n\beta}+o_p\left(\frac{1}{n}\right)=\frac{d}{2n\beta}+o_p\left(\frac{1}{n}\right)$$

である。$f(x,w)$ に平均値の定理を適用して

$$f(x,w)=(w-w_0)\cdot\nabla f(x,w^+)$$

を用いると

$$\mathbb{E}_w[f(x,w)]=\mathbb{E}_w[(w-w_0)\cdot(\nabla f(x,w_0)+o_p(1))]$$

であるから式 (3.12) が得られる。最後に

$$\begin{aligned}
&\mathbb{E}_w[f(x,w)^2]\\
&=\mathbb{E}_w[((w-w_0)\cdot\nabla f(x,w^+))^2]\\
&=\mathbb{E}_w\left[\operatorname{tr}\left((w-w_0)(w-w_0)^T(\nabla f(x,w^+))(\nabla f(x,w^+))^T\right)\right]\\
&=\operatorname{tr}\left(\mathbb{E}_w[(w-w_0)(w-w_0)^T](\nabla f(x,w_0))(\nabla f(x,w_0))^T\right)+o_p\left(\frac{1}{n}\right)\\
&=\operatorname{tr}\left(\left(\frac{J^{-1}}{n\beta}+\frac{\hat{\xi}_n\hat{\xi}_n^T}{n}\right)(\nabla f(x,w_0))(\nabla f(x,w_0))^T\right)+o_p\left(\frac{1}{n}\right).
\end{aligned}$$

したがって

$$\begin{aligned}
&\mathbb{E}_w[f(x,w)^2]-\mathbb{E}_w[f(x,w)]^2\\
&=\frac{1}{n\beta}\operatorname{tr}(J^{-1}(\nabla f(x,w_0))(\nabla f(x,w_0))^T)+o_p\left(\frac{1}{n}\right)
\end{aligned}$$

である。(証明終)

注意 24 補題 16 は，事後分布による平均において，$w, f(x,w), f(x,w)^2$ がどのようなオーダーをもつかを表している。このような関係をスケーリング関係という。

補題 17 定義 9 で定めた汎化損失と経験損失のキュムラント母関数について $k \geqq 2$ のとき

$$\Big|\Big(\frac{d}{d\alpha}\Big)^k \mathcal{G}_n(\alpha)\Big| = O_p\Big(\frac{1}{n^{k/2}}\Big), \qquad \Big|\Big(\frac{d}{d\alpha}\Big)^k \mathcal{T}_n(\alpha)\Big| = O_p\Big(\frac{1}{n^{k/2}}\Big)$$

が成り立つ。

(証明) $f(x, w)$ に平均値の定理を適用して

$$f(x, w)^k = (\,(w - w_0) \cdot \nabla f(x, w^+)\,)^k.$$

したがって $k = 2, 3, ..$ において

$$|f(x, w)|^k \leqq \|w - w_0\|^k \sup_w \|\nabla f(x, w)\|^k$$

である。一方補題 15 より

$$\mathbb{E}_w\Big[\Big\|w - w_0 - \frac{\hat{\xi}_n}{\sqrt{n}}\Big\|^k\Big] = O_p\Big(\frac{1}{n^{k/2}}\Big)$$

であるから，一般に $|a|^k \leqq 2^k(|a-b|^k + |b|^k)$ が成りたつことより

$$\mathbb{E}_w[\|w - w_0\|^k] = O_p\Big(\frac{1}{n^{k/2}}\Big)$$

が得られる。これらを補題 8 に適用して

$$\mathbb{E}_X[\sup_w \|\nabla f(X, w)\|^k] < \infty, \qquad \frac{1}{n}\sum_{i=1}^n \sup_w \|\nabla f(X_i, w)\|^k = O_p(1)$$

を用いればよい。(証明終)

3.4 汎化損失と経験損失

　汎化損失と経験損失の挙動を知るには 2 章で示した定理 1 を用いる。式 (2.13), (2.14), (2.15), (2.16) を計算すればよい。

定理 3 確率モデルに対して真の分布が正則であり，事後分布が正規分布で近似できる程度にサンプル数が多いと仮定する．このとき確率変数としての汎化損失 G_n と経験損失 T_n はつぎの挙動をもつ．

$$G_n = L(w_0) + \frac{1}{n}\Big(\frac{d}{2\beta} + \frac{1}{2}\|\xi_n\|^2 - \frac{1}{2\beta}\mathrm{tr}(IJ^{-1})\Big) + o_p\Big(\frac{1}{n}\Big), \quad (3.14)$$

$$T_n = L_n(w_0) + \frac{1}{n}\Big(\frac{d}{2\beta} - \frac{1}{2}\|\xi_n\|^2 - \frac{1}{2\beta}\mathrm{tr}(IJ^{-1})\Big) + o_p\Big(\frac{1}{n}\Big). \quad (3.15)$$

ここで

$$\mathbb{E}[\|\xi_n\|^2] = \mathrm{tr}(IJ^{-1}) + o(1) \quad (3.16)$$

である．

(証明) 補題 17 より定理 1 を用いることができる．事後分布が補題 15 のように書けることから

$$K_n(w) = \frac{1}{2}\Big\|J^{1/2}\Big(w - w_0 - \frac{1}{\sqrt{n}}\hat{\xi}_n\Big)\Big\|^2 - \frac{1}{2n}\|\xi_n\|^2 + o_p\Big(\frac{1}{n}\Big)$$

であるから式 (2.15) は

$$-\mathcal{T}_n'(0) = L_n(w_0) + \mathbb{E}_w[K_n(w)] = L_n(w_0) + \frac{d}{2n\beta} - \frac{1}{2n}\|\xi_n\|^2 + o_p\Big(\frac{1}{n}\Big).$$

つぎに，平均値の定理からある w^* が存在して

$$K(w) = \frac{1}{2}(w - w_0)J(w^*)(w - w_0) = \frac{1}{2}\mathrm{tr}(J(w^*)(w - w_0)(w - w_0)^T)$$

であるから補題 16 を用いて式 (2.13) は

$$-\mathcal{G}_n'(0) = L(w_0) + \mathbb{E}_w[K(w)] = L(w_0) + \frac{d}{2n\beta} + \frac{1}{2n}\|\xi_n\|^2 + o_p\Big(\frac{1}{n}\Big).$$

同じように補題 16 を用いて式 (2.14) は

$$\begin{aligned}
-\mathcal{G}_n''(0) &= -\mathbb{E}_X[\ \mathbb{E}_w[(f(X,w)^2] - \mathbb{E}_w[f(X,w)]^2\ ], \\
&= -\frac{1}{n\beta}\ \mathbb{E}_X[\ \mathrm{tr}(J^{-1}(\nabla f(X,w_0))(\nabla f(X,w_0))^T)\ ] + o_p\Big(\frac{1}{n}\Big) \\
&= -\frac{1}{n\beta}\mathrm{tr}(IJ^{-1}) + o_p\Big(\frac{1}{n}\Big).
\end{aligned}$$

一方，$\mathcal{T}_n''(0)$ の計算では上記の $\mathbb{E}_X[\ ]$ の代わりにサンプル平均 $(1/n)\sum_{i=1}^n$ になるが大数の法則から，その差は 0 に確率収束するので式 (2.16) は

$$-\mathcal{T}_n''(0) = -\frac{1}{n\beta}\mathrm{tr}(IJ^{-1}) + o_p\Big(\frac{1}{n}\Big).$$

補題 11 より，$\|\xi_n\|^2$ の平均は

$$\mathbb{E}[\|\xi_n\|^2] = \mathrm{tr}(IJ^{-1}) + o(1) \tag{3.17}$$

である。（証明終）

注意 25 なお，式 (3.17) は式 (2.17) からも導けることに注意しよう。

定理 4 確率モデルに対して真の分布が正則であり事後分布が正規分布で近似できるほどサンプル数が多ければつぎのことが成り立つ。

$$\lambda = \frac{d}{2}, \quad \nu = \frac{1}{2}\mathrm{tr}(IJ^{-1})$$

と書くことにする。確率変数として $\beta = 1$ のとき

$$\Big(G_n - L(w_0)\Big) + \Big(T_n + \frac{2\nu}{n} - L_n(w_0)\Big) = \frac{2\lambda}{n} + o_p\Big(\frac{1}{n}\Big)$$

である。また平均値としては，一般の β で

$$\mathbb{E}[G_n] = L(w_0) + \frac{1}{n}\Big(\frac{\lambda - \nu}{\beta} + \nu\Big) + o\Big(\frac{1}{n}\Big),$$
$$\mathbb{E}[T_n]\ = L(w_0) + \frac{1}{n}\Big(\frac{\lambda - \nu}{\beta} - \nu\Big) + o\Big(\frac{1}{n}\Big).$$

（証明）上の定理より明らかである。（証明終）

注意 26 この定理から $\beta = 1$ のとき $G_n - L(w_0)$ と $T_n + 2\nu/n - L_n(w_0)$ は平均も分散も等しいことがわかる。また，$\beta = 1$ で真の分布が確率モデルで実現可能な場合には，真の分布のエントロピーを S とすると $L(w_0) = S$, $\nu = d/2$ であるから

$$\mathbb{E}[G_n] = S + \frac{d}{2n} + o\Big(\frac{1}{n}\Big), \qquad \mathbb{E}[T_n] = S - \frac{d}{2n} + o\Big(\frac{1}{n}\Big).$$

すなわち，汎化損失も経験損失も先頭の二つの項は β に依存しない．一方，真の分布が確率モデルで実現可能とはかぎらず $\beta = 1$ の場合には

$$\mathbb{E}[G_n] = L(w_0) + \frac{\lambda}{n} + o\Big(\frac{1}{n}\Big), \qquad \mathbb{E}[T_n] = L(w_0) + \frac{\lambda - 2\nu}{n} + o\Big(\frac{1}{n}\Big)$$

が成り立つ．

3.5 事後確率最大化法

ベイズ推測以外の方法の精度を調べてみよう．関数

$$\mathcal{L}(w) = -\frac{1}{n}\sum_{i=1}^{n}\log p(X_i|w) - \frac{1}{n\beta}\log\varphi(w)$$

を最小にするパラメータを $\hat{w}$ と書く．$\beta = 1$ のとき $\hat{w}$ を事後確率最大化推定量といい，$\beta = \infty$ のとき，すなわち $1/\beta = 0$ のとき最尤推定量という．また「真の分布は $p(x|\hat{w})$ ではないか」と推測する方法のことを $\beta = 1$ のとき事後確率最大化推定法といい，$\beta = \infty$ のとき最尤推定法という．それぞれの方法の汎化損失と経験損失は

$$L(\hat{w}), \qquad L_n(\hat{w})$$

と定義される．また，平均プラグイン法の汎化損失と経験損失は，上記の $\hat{w}$ の代わりに平均パラメータ $\mathbb{E}_w[w]$ を代入したものである．

3.5.1 推定量の漸近分布

補題 18 (推定量の一致性) 事後確率最大化推定量と最尤推定量 $\hat{w}$ について $n \to \infty$ のとき $K(\hat{w})$ の値は 0 に確率収束する．特に，真の分布に対して最適なパラメータの集合の元が一つ w_0 だけである場合には $\hat{w}$ は w_0 に確率収束する．

3.5 事後確率最大化法

(証明) 式 (3.5) で定義した $\eta_n(w)$ を用いると

$$\mathcal{L}(w) = L(w_0) + K(w) - \frac{1}{\sqrt{n}}\eta_n(w) - \frac{1}{n\beta}\log\varphi(w)$$

と書ける。ここで $\eta_n(w)$ はコンパクト集合上の経験過程 (8.5.3 項参照) であり

$$\sup_{w \in W} |\eta_n(w)|$$

はある確率変数に法則収束する。したがって

$$\mathcal{L}(w) = L(w_0) + K(w) + O_p\Big(\frac{1}{\sqrt{n}}\Big)$$

である。特に $w = w_0$ のとき

$$\mathcal{L}(w_0) = L(w_0) + O_p\Big(\frac{1}{\sqrt{n}}\Big)$$

である。一方, n の関数 $\epsilon(n) > 0$ を

$$\epsilon(n) \to 0, \qquad \sqrt{n}\epsilon(n) \to \infty$$

を満たすものとする。例えば $\epsilon(n) = 1/n^{1/4}$ とする。$K(w) \geqq \epsilon(n)$ のとき

$$\mathcal{L}(w) \geqq L(w_0) + \epsilon(n) + O_p\Big(\frac{1}{\sqrt{n}}\Big).$$

この式の右辺の値は $n \to \infty$ のとき $\mathcal{L}(w_0)$ よりも大きくなる。これより, $\mathcal{L}(w)$ を最小にする $\hat{w}$ は 1 に近づく確率で $K(\hat{w}) < \epsilon(n)$ を満たすことがわかった。真の分布に対して最適なパラメータ w_0 は $K(w_0) = 0$ を満たすので, そのようなパラメータがユニークであれば, $\hat{w}$ は w_0 に確率収束する。(証明終)

注意 27

(1) 事後確率最大化推定量および最尤推定量 $\hat{w}$ はサンプルの出方に依存して変動する確率変数である。確率収束については 8.5.1 項を参照。

(2) 補題 18 の前半部分は, 真の分布が確率モデルに対して正則でない場合でも成り立つ。

(3) 真の分布が確率モデルに対して正則でないときには, 平均パラメータ

$\mathbb{E}_w[w]$ は一般には w_0 に近づかない。

補題 19 確率モデルに対して真の分布が正則であることを仮定する。事後確率最大化推定量と最尤推定量 $\hat{w}$ は $n \to \infty$ において

$$\hat{w} = w_0 - (nJ)^{-1/2}\xi_n + o_p\Big(\frac{1}{\sqrt{n}}\Big)$$

という性質をもっている。また平均パラメータは $\mathbb{E}_w[w] = \hat{w} + o_p(1/\sqrt{n})$ である。すなわち，事後確率最大化推定量，最尤推定量，平均パラメータの分布は，すべて $n \to \infty$ のとき，正規分布 $\mathcal{N}(w_0, J^{-1}IJ^{-1}/n)$ に近づいていく。

（証明）$\hat{w}$ は $\mathcal{L}(w)$ を最小にするので

$$\nabla \mathcal{L}(\hat{w}) = 0.$$

平均値の定理を用いると，ある w^* が存在して

$$\nabla \mathcal{L}(w_0) + \nabla^2 \mathcal{L}(w^*)(\hat{w} - w_0) = 0$$

である。これより

$$\hat{w} = w_0 - (\nabla^2 \mathcal{L}(w^*))^{-1}\nabla \mathcal{L}(w_0)$$

である。ここで $\hat{w}$ が w_0 に確率収束すること（補題 18）から

$$\nabla^2 \mathcal{L}(w^*) = \nabla^2 K(w^*) + o_p(1) = J + o_p(1)$$

であり

$$\nabla \mathcal{L}(w_0) = \frac{1}{\sqrt{n}}\nabla \eta_n + o_p\Big(\frac{1}{\sqrt{n}}\Big) = \frac{1}{\sqrt{n}}J^{1/2}\xi_n + o_p\Big(\frac{1}{\sqrt{n}}\Big)$$

であるから

$$\hat{w} = w_0 - (nJ)^{-1/2}\xi_n + o_p\Big(\frac{1}{\sqrt{n}}\Big)$$

である。この確率変数の確率分布は補題 11 で示した。また式 (3.10) から，$\hat{w}$ と $\mathbb{E}_w[w]$ とは $(1/\sqrt{n})$ 以上の挙動は同じである。（証明終）

注意 28 事後分布が正規分布で近似できる場合には，事後確率最大化推定量，最尤推定量，平均パラメータは $(1/\sqrt{n})$ の項まで等価であり，その差はパラメータのサンプルに対するゆらぎよりもずっと小さい。したがって，3 章で述べる理論では，それらの統計的推測の精度の違いは明らかにならない。しかしながら，4 章で述べるように事後分布が正規分布で近似できない場合には，それらの相違が現れてくる。

3.5.2 汎化誤差と経験誤差

定理 5 確率モデルに対して真の分布が正則で，事後分布が正規分布で近似できるほど十分にサンプル数が多ければ，事後確率最大化法，最尤推定法では，汎化損失と経験損失はつぎのようになる。確率変数としては

$$\begin{aligned}
L(\hat{w}) &= L(w_0) + \frac{1}{2n}\|\xi_n\|^2 + o_p\Big(\frac{1}{n}\Big), \\
L_n(\hat{w}) &= L_n(w_0) - \frac{1}{2n}\|\xi_n\|^2 + o_p\Big(\frac{1}{n}\Big).
\end{aligned}$$

平均値は

$$\begin{aligned}
\mathbb{E}[L(\hat{w})] &= L(w_0) + \frac{1}{2n}\mathrm{tr}(IJ^{-1}) + o\Big(\frac{1}{n}\Big), \\
\mathbb{E}[L_n(\hat{w})] &= L(w_0) - \frac{1}{2n}\mathrm{tr}(IJ^{-1}) + o\Big(\frac{1}{n}\Big).
\end{aligned}$$

また平均パラメータ $\mathbb{E}_w[w]$ をプラグインする推定法は，漸近的に上記と同じ汎化損失と経験損失をもつ。

(証明) 汎化損失については平均値の定理を適用して，$\nabla L(w_0) = 0$, $\nabla^2 L(w^*) = J + o_p(1)$, および補題 19 から

$$\begin{aligned}
L(\hat{w}) &= L(w_0) + (\hat{w} - w_0)\cdot\nabla L(w_0) + \frac{1}{2}(\hat{w} - w_0)\cdot\nabla^2 L(w^*)(\hat{w} - w_0) \\
&= L(w_0) + \frac{1}{2n}\|\xi_n\|^2 + o_p\Big(\frac{1}{n}\Big).
\end{aligned}$$

この平均値は，補題 11 を用いて計算できる。つぎに経験損失については，最尤推定量の性質 $\nabla L_n(\hat{w}) = 0$ から $\hat{w}$ について展開して平均値の定理を用いると

$$L_n(w_0) = L_n(\hat{w}) + (\hat{w} - w_0) \cdot \nabla L_n(\hat{w})$$
$$+ \frac{1}{2}(\hat{w} - w_0) \cdot \nabla^2 L_n(w^{**})(\hat{w} - w_0)$$
$$= L_n(\hat{w}) + \frac{1}{2n}\|\xi_n\|^2 + o_p\left(\frac{1}{n}\right).$$

ここで $\nabla^2 L_n(w^{**}) = J + o_p(1)$ であることを用いた。他の推定量についても最尤推定量と同じ挙動をもつことから同様である。(証明終)

注意 29 ベイズ推測の場合の定理 3 と比較すると，事後確率最大化法，最尤推定法，平均プラグイン法における汎化損失と経験損失は，ベイズ推測の結果に形式的に $\beta = \infty$ を代入したものと同じになっている。ベイズ法の汎化損失を G_B と書き，事後確率最大化法，最尤推定法，平均パラメータのプラグイン法の汎化損失を G_M と書くことにすると

$$G_B < G_M \iff d < \operatorname{tr}(IJ^{-1})$$

である。もちろん汎化損失を小さくするためには，「$1/n$ オーダーの項」を小さくする前に「1 のオーダーの項」すなわち $L(w_0)$ が小さくなるような確率モデルを用いることが大切であって，これが最小値となる場合，すなわち真の分布が確率モデルで実現可能な場合には $d = \operatorname{tr}(IJ^{-1})$ となるから，どの方法を用いても汎化損失は同じになる。ただし，このような関係が成り立つのは，事後分布が正規分布で近似できる場合だけであり，事後分布が正規分布では近似できない場合には，これらの関係は成り立たない。

3.6　サンプルから計算する方法

上記では，真の分布がわかっている場合に自由エネルギー，汎化損失，経験損失がどのような挙動をもつかについて述べた。このセクションでは，真の分布がわからない場合に，事後分布が正規分布で近似できるという仮定のうえで，サンプルだけから自由エネルギーと汎化損失，経験損失を数値的に計算する方法について述べる。

3.6.1 自由エネルギー

確率モデル $p(x|w)$, 事前分布 $\varphi(w)$, サンプル X^n が与えられたとしよう。

$$\mathcal{L}(w) = -\frac{1}{n}\sum_{i=1}^{n} \log p(X_i|w) - \frac{1}{n\beta}\log\varphi(w)$$

とする。定義から自由エネルギーは

$$F_n(\beta) = -\frac{1}{\beta}\log\int \exp(-n\beta\mathcal{L}(w))dw$$

である。$\mathcal{L}(w)$ を最小にする点 $\hat{w}$ が見つけられたとする。事後分布がパラメータ空間の中で局在していることを仮定したので，積分範囲をその周りだけに限定してよい。$\hat{w}$ は $\mathcal{L}(w)$ を最小にするので

$$\nabla\mathcal{L}(\hat{w}) = 0$$

が成り立つ。また行列

$$\nabla^2\mathcal{L}(\hat{w}) = \frac{\partial^2\mathcal{L}}{\partial w_j \partial w_k}(\hat{w})$$

の固有値はすべて正である。したがって $w = \hat{w}$ の近傍では

$$\mathcal{L}(w) \cong \mathcal{L}(\hat{w}) + \frac{1}{2}(w-\hat{w})\cdot\nabla^2\mathcal{L}(\hat{w})(w-\hat{w})$$

と近似することができる。これより正規分布の積分公式を用いて

$$\begin{aligned}Z_n(\beta) &= \int \exp(-n\beta\mathcal{L}(w))dw \\ &= \exp(-n\beta\mathcal{L}(\hat{w}))\int \exp\Big(-\frac{n\beta}{2}(w-\hat{w})\cdot\nabla^2\mathcal{L}(\hat{w})(w-\hat{w})\Big)dw \\ &= \exp(-n\beta\mathcal{L}(\hat{w}))\Big(\frac{2\pi}{n\beta}\Big)^{d/2}\det(\nabla^2\mathcal{L}(\hat{w}))^{-1/2}\end{aligned}$$

となる。したがって

$$F_n(\beta) = n\mathcal{L}(\hat{w}) + \frac{d}{2\beta}\log n + \frac{d}{2\beta}\log\frac{\beta}{2\pi} + \frac{1}{2\beta}\log\det(\nabla^2\mathcal{L}(\hat{w})) + o_p(1).$$

この式は，サンプル，確率モデル，事前分布があれば，真の分布がわからなくても計算できる．特に $\beta = 1$ における $F_n(1)$ の値の定数以上のオーダーの項

$$F_n(1) = n\mathcal{L}(\hat{w}) + \frac{d}{2}\log n + \frac{d}{2}\log\frac{1}{2\pi} + \frac{1}{2}\log\det(\nabla^2 \mathcal{L}(\hat{w}))$$

が小さいほど，与えられたサンプルに対して確率モデルと事前分布が適切であると考えることができる．また，$\log n$ 以上のオーダーの項だけを取り出したもの

$$\mathrm{BIC} = -\sum_{i=1}^{n} \log p(X_i|\hat{w}) + \frac{d}{2}\log n$$

において $\hat{w}$ として最尤推定量を用いると，この値は事前分布には依存しない．複数のモデルの比較において BIC が小さいほど適切であると考えるとき，この値のことを**ベイズ情報量規準（BIC）**という．この規準 BIC は，真の分布が確率モデルに対して正則であり，事後分布が正規分布で近似できるという条件下では，真の分布が確率モデルで実現できる場合でもできない場合でも変わらない．またこの導出と定理 2 と比較することで

$$n\mathcal{L}(\hat{w}) = nL_n(w_0) - \frac{1}{2}\|\xi_n\|^2 - \frac{1}{\beta}\log\varphi(w_0) + o_p(1)$$

であることがわかった．

3.6.2 汎化損失と経験損失

定理 3 と定理 5 から，ベイズ推測における汎化損失と経験損失は

$$G_n = L(\hat{w}) + \frac{1}{n}\Big(\frac{d}{2\beta} - \frac{1}{2\beta}\mathrm{tr}(IJ^{-1})\Big) + o_p\Big(\frac{1}{n}\Big), \qquad (3.18)$$

$$T_n = L_n(\hat{w}) + \frac{1}{n}\Big(\frac{d}{2\beta} - \frac{1}{2\beta}\mathrm{tr}(IJ^{-1})\Big) + o_p\Big(\frac{1}{n}\Big) \qquad (3.19)$$

である．事後分布が正規分布で近似できる場合には $\hat{w}$ としては事後確率最大化推定量，最尤推定量，平均パラメータのどれを用いてもよい．また I, J はサンプルから計算できる量を用いて近似することができる．実際

$$I_n(w) = \frac{1}{n}\sum_{i=1}^{n}\nabla \log p(X_i|w)(\nabla \log p(X_i|w))^T, \tag{3.20}$$

$$J_n(w) = -\frac{1}{n}\sum_{i=1}^{n}\nabla^2 \log p(X_i|w) \tag{3.21}$$

とおくと大数の法則と $\hat{w}$ が w_0 に収束することとから

$$I = I_n(\hat{w}) + o_p(1), \qquad J = J_n(\hat{w}) + o_p(1)$$

が成り立つ。これより経験損失はサンプルだけから計算できる。しかしながら $L(\hat{w})$ はサンプルだけから計算することはできないから,汎化損失は,サンプルだけから直接求めることはできない。そこで**正則の情報量規準**を

$$\mathrm{RIC} \equiv T_n + \frac{1}{n}\mathrm{tr}(IJ^{-1})$$

と定義すると

$$\begin{aligned}\mathrm{RIC} &= L_n(w_0) + \frac{1}{n}\Big(\frac{d}{2\beta} - \frac{1}{2}\|\xi_n\|^2 + \Big(1 - \frac{1}{2\beta}\Big)\mathrm{tr}(IJ^{-1})\Big) + o_p\Big(\frac{1}{n}\Big) \\ &= L_n(\hat{w}) + \frac{1}{n}\Big(\frac{d}{2\beta} + \Big(1 - \frac{1}{2\beta}\Big)\mathrm{tr}(IJ^{-1})\Big) + o_p\Big(\frac{1}{n}\Big)\end{aligned}$$

であり,ベイズ汎化損失 G_n について

$$\mathbb{E}[G_n] = \mathbb{E}[\mathrm{RIC}] + o\Big(\frac{1}{n}\Big)$$

が成り立つ。また,$\beta = 1$ のときには以下が成り立つ。

$$(G_n - L(w_0)) + (\mathrm{RIC} - L_n(w_0)) = \frac{d}{n} + o_p\Big(\frac{1}{n}\Big).$$

注意 30 確率モデルに対して真の分布が正則で事後確率が正規分布で近似できる程度にサンプル数が多いときには,事後確率最大化法,最尤推定法では

$$\mathrm{TIC} = L_n(\hat{w}) + \frac{1}{n}\mathrm{tr}(I_n(\hat{w})J_n^{-1}(\hat{w}))$$

とおくと,それぞれの方法の汎化損失 $L(\hat{w})$ について

$$\mathbb{E}[\text{TIC}] = \mathbb{E}[L(\hat{w})] + o\Big(\frac{1}{n}\Big)$$

が成り立つ. また確率変数としては

$$(L(\hat{w}) - L(w_0)) + (\text{TIC} - L_n(w_0)) = \frac{1}{n}\text{tr}(IJ_n^{-1}) + o_p\Big(\frac{1}{n}\Big)$$

が成り立つ. なお, TIC は上記の RIC と似ているが, TIC は $\hat{w}$ についての汎化損失を推測するものであり, RIC はベイズ推測の汎化損失を推測するものであって, $L_n(\hat{w}) \neq T_n$ であるから, 両者は同じものではない. 平均プラグイン法でも $\hat{w}$ の代わりに $\mathbb{E}_w[w]$ を代入すれば上記の二つと同じ関係が成り立つ. 特に真の分布が確率モデルで実現できるときには, **赤池情報量規準**を

$$\text{AIC} = L_n(\hat{w}) + \frac{d}{n}$$

と定義すると, 平均については $\mathbb{E}[\text{AIC}] = \mathbb{E}[L(\hat{w})] + o(1/n)$ であり, 確率変数としては

$$(L(\hat{w}) - L(w_0)) + (\text{AIC} - L_n(w_0)) = \frac{d}{n} + o_p\Big(\frac{1}{n}\Big)$$

である.

例 9 AIC, BIC, 統計的検定は, それぞれ異なる目的と異なる意味をもつ方法である. 簡単な例において数値的にどのくらい異なるかを比較してみよう. 二つのモデルを考える. 一つは零次元のモデル

$$p_0(x) = \frac{1}{\sqrt{2\pi}} \exp\Big(-\frac{x^2}{2}\Big),$$

一つは 1 次元のモデル

$$p_1(x|m) = \frac{1}{\sqrt{2\pi}} \exp\Big(-\frac{(x-m)^2}{2}\Big)$$

である. サンプルが $x_1, x_2, ..., x_n$ であったとき, どのような条件でどちらのモデルが選ばれるだろうか.

3.6 サンプルから計算する方法

(i) まず AIC でモデルを選ぶとき

$$\frac{1}{2n}\sum_{i=1}^n x_i^2 + \frac{0}{n} > \frac{1}{2n}\min_m\Big\{\sum_{i=1}^n (x_i-m)^2\Big\} + \frac{1}{n}$$

であることと 1 次元のモデルが選ばれることが同値である。これは

$$\Big(\frac{1}{\sqrt{n}}\sum_{i=1}^n x_i\Big)^2 > 2$$

と等価である。

(ii) つぎに BIC でモデルを選ぶとき

$$\frac{1}{2n}\sum_{i=1}^n x_i^2 + \frac{0}{n} > \frac{1}{2n}\min_m\Big\{\sum_{i=1}^n (x_i-m)^2\Big\} + \frac{\log n}{2n}$$

であることと 1 次元のモデルが選ばれることが同値である。これは

$$\Big(\frac{1}{\sqrt{n}}\sum_{i=1}^n x_i\Big)^2 > \log n$$

と等価である。

(iii) 0 次元のモデルを帰無仮説として, 1 次元のモデルを対立仮説とする。このとき最尤推定量を使った尤度比検定量を 2 倍した量

$$\sum_{i=1}^n x_i^2 - \min_m\Big\{\sum_{i=1}^n (x_i-m)^2\Big\} = \Big(\frac{1}{\sqrt{n}}\sum_{i=1}^n x_i\Big)^2$$

は, 帰無仮説の下で,「平均 0 分散 1 の正規分布に従う確率変数」を 2 乗したものであるから, 有意水準 0.01 での検定において, 1 次元のモデルが選ばれる (帰無仮説が棄却される) のは

$$\Big(\frac{1}{\sqrt{n}}\sum_{i=1}^n x_i\Big)^2 > (2.58)^2$$

のときである。

真の分布が $p_1(x|m_0)$ であったとしよう。このとき上記で得られた不等式の反転をサンプルの出方で平均した不等式は, 0 次元モデルが選択される

$$\text{AIC} : (m_0)^2 < \frac{1}{n},$$
$$\text{BIC} : (m_0)^2 < \frac{1}{n}(\log n - 1),$$
$$\text{検定} : (m_0)^2 < \frac{5.66}{n}$$

という領域である。この領域については真の分布が 1 次元のモデルであったとしても 0 次元のモデルが選ばれることになる。

以上のことからつぎのことがわかる。統計的検定は「帰無仮説と対立仮説が同程度に正しいならば帰無仮説をとる」という意味で二つの仮説は同等の重さには扱われていない。AIC は汎化損失を同等に比べるものであるから，AIC のほうが統計的検定よりも大き目のモデルを選ぶことは自然なことである。また，BIC によるモデル選択は，n が大きくなれば，どのような有意水準による統計的検定よりも小さ目のモデルが選ばれることになる。

注意 31 物理計測を行う装置の性能を表す言葉に「感度が高い」という表現がある。感度が高い計測器は，対象の小さな変化を検出できるが，その代わりに雑音も多く拾うことになる。一方，感度が低い計測器は，対象の小さな変化を検出することはないが雑音を拾う量が少なくなる。AIC は統計的規準として感度が高いものであり，真のパラメータが $1/\sqrt{n}$ のオーダーで変化すれば，その変化を検出することができる。その代わり，AIC はサンプルの現れ方の揺れに応じて選択されるモデルが変動する。一方，BIC は感度の低い規準であり，真のパラメータが $1/\sqrt{n}$ の大きさで変化したのでは，その変化を検出することはできない。その代わり，BIC はサンプルの現れ方の揺れに応じて選択されるモデルは変化しにくい。なお，AIC は統計的な規準としては「ぎりぎりの」オーダーを測るものであり，$1/\sqrt{n}$ よりも感度を上げる規準は雑音の大きさがそれを上回ってしまうためにつくることはできない。

注意 32 真の分布が確率モデルで実現可能であり，真の分布が確率モデルに対して正則であり，かつ事後分布が正規分布で近似できるときには，ξ_n の確率分布は，平均が 0 で分散共分散行列が $d \times d$ の単位行列の正規分布に収束する。

3.6 サンプルから計算する方法

このとき $\|\xi_n\|^2$ の確率分布の収束先を調べてみよう。$X_1, X_2, ..., X_d$ がそれぞれ平均 0 で分散 1 の正規分布に独立に従うとき

$$Y = \sum_{k=1}^d X_i^2$$

の確率分布 $p(y)$ を求めればよい。公式 (8.1) を利用すると

$$p(y) \propto \int dx_1 \cdots dx_d \, \delta\Big(y - \sum_{i=1}^d x_i^2\Big) \, \exp\Big(-\frac{1}{2}\sum_{i=1}^d x_i^2\Big)$$

である。d 次元の一般角 $\Omega = (\Omega_1, ..., \Omega_d)$ を用いて極座標を

$$x_1 = r \, \Omega_1, \qquad \cdots = \cdots, \qquad x_d = r \, \Omega_d$$

とすれば $\int d\Omega$ は定数であるから

$$p(y) \propto \int_0^\infty r^{d-1} dr \, \delta(y - r^2) \, \exp\Big(-\frac{r^2}{2}\Big)$$

である。$t = r^2$ とおくと積分が実行できて

$$p(y) = \frac{1}{2^{d/2} \Gamma\big(\frac{d}{2}\big)} \, y^{d/2-1} \, \exp\Big(-\frac{y}{2}\Big) \qquad (y \geq 0)$$

である。ここで比例定数は全積分が 1 になることから定まる。この確率分布を自由度 d の**カイ二乗分布**という。

注意 33

(1) 複数の確率モデルの候補の中から一つのモデルを選ぶ方法があるとする。真のモデルが候補の中に含まれていて n が無限に大きくなるとき,真のモデルが選ばれる確率が 1 に近づくならば,モデル選択法が一致性をもつという。AIC と統計的検定は,真のモデルが選ばれる確率が 1 に収束しないから,モデル選択の一致性をもっていない。

(2) 現実の問題において,人間が用意した有限個の確率モデルの中に真の分布が含まれているということは一般には起こりにくい。上記の意味でのモ

デル選択における一致性をもつ方法が，真の分布が有限個の中には含まれていないときに，汎化損失を小さくするという意味で最適な選択を与えるわけではない．例えば BIC における $\log n$ の項を n^α ($0 < \alpha < 1/2$) に取り替えてもモデル選択における一致性は保たれているが，現実問題で $n^{1/4}$ などを使うと良好なモデルの評価はできないことが多い．

(3) 実際的なケースにおいて事後分布が正規分布で近似できる場合であれば，AIC と BIC のどちらか一方が計算できるのであれば他方も容易に計算できるから，両方計算して挙動を見てみるのがよいのではないかと思われる．どちらの方法から見ても明らかに良好でない確率モデルは適切ではないと考えてよいのではないかと思われる．

(4) 事後分布が正規分布で近似できる場合には，BIC は自由エネルギーに対応し，AIC は汎化誤差に対応している．両者は観測している情報が違うのであるから，どちらか一方だけでなにもかもわかるということはない．しかしながら，両者の間に統計的検定が含まれているということから考えると，統計学においてモデルの最適性を考察するオーダーは，おおよそこの二つの間にあると考えてよいと思われる．

(5) 確率モデルが観測できない変数を含んでいたり，階層的な構造をもっている場合は，AIC は汎化誤差に対応せず，BIC は自由エネルギーに対応しない．その場合については 4 章で述べる．

3.7 質問と回答

質問 5 3 章の理論は事後分布が正規分布で近似できる場合でないと成り立たないということですが，事後分布が正規分布で近似できるかどうかを，どのようにしたら判断できるのでしょうか．

回答 5 3 章で紹介した理論を用いると，事後確率最大化推定量，最尤推定量，あるいは平均パラメータのうちのいずれか一つが求められたら，それだけの情

報で，数値的に自由エネルギー，汎化損失，経験損失の値を知ることができます。しかしながら，この理論の弱点は「この理論が使えるかどうかを，この理論の中だけで知ることはできない」というところにあります。すなわち，結果として事後分布が正規分布で近似できる場合であったとしても，事後確率最大化推定量の値だけからそうであるのかどうかを知ることはできません。このため，3 章の理論によって求めた自由エネルギー，汎化損失，経験損失の値が適切なものであるかどうかはわからないのです。4 章で述べる理論は事後分布が正規分布で近似できる場合でもそうでない場合でも成り立ちますから，4 章の理論に基づいて自由エネルギー，汎化損失，経験損失を計算すれば，事後分布が正規分布で近似しても大丈夫であったかどうかを知ることができます。

質問 6 現実の問題で $\mathrm{tr}(IJ^{-1})$ を式 (3.20), (3.21) を使って $I_n(\hat{w})$ と $J_n(\hat{w})$ から数値的に計算すると，サンプルの出方によるばらつきが大きくなるのですが，なぜでしょうか。

回答 6 事後分布が正規分布で近似できるときには $\mathrm{tr}(I_n(\hat{w})J_n^{-1}(\hat{w}))$ は $n \to \infty$ において定数に確率収束します。しかしながら，現実の規模の問題で事後確率最大化推定量 $\hat{w}$ を求めるとばらつきは小さくないことがありますし，特に，パラメータの次元 d が大きいときに，$J_n(\hat{w})^{-1}$ のゆらぎが小さくありません。これは逆行列ですから，そのゆらぎに最も大きな影響を及ぼすのは $J_n(\hat{w})$ の最小固有値ですが，パラメータの次元が大きいと固有値の個数も増えるため最小固有値の値は非常に 0 に近くなり，その逆数のばらつきはたいへん大きくなります。それはすなわち，事後分布が正規分布では近似できない状況であったということです。そのような場合には 4 章で述べる理論を用いてください。4 章で述べるように，事後分布が正規分布で近似できる場合には

$$V_n = \sum_{i=1}^{n} \Big\{ \mathbb{E}_w[(\log p(X_i|w))^2] - \mathbb{E}_w[\log p(X_i|w)]^2 \Big\}$$

とおくと βV_n は定数 $\mathrm{tr}(IJ^{-1})$ に確率収束します。一方，事後分布が正規分布で近似できない場合には $\mathrm{tr}(IJ^{-1})$ は経験損失から汎化損失を推測する補正量

としては正しくありません。βV_n のほうが正しい値を与えています。したがって $\mathrm{tr}(IJ^{-1})$ のゆらぎが大きいように見えるときには V_n を用いるほうがよいでしょう。

章末問題

【1】 確率モデルに対して真の分布が正則であって，事後分布が正規分布で近似できるとき，最尤推定量が求まれば自由エネルギーが計算でき，汎化誤差を推測することができる。これはなぜかを説明せよ。

【2】 事後分布 $p(w|X^n)$ に従う確率変数としてパラメータ w を一つサンプリングして $p(x|w)$ を予測とする推測を**ギブス推測**という。ギブス推測はパラメータのサンプリングに依存するので損失を測るときには予測を行ってから平均する。したがってギブス推測の汎化損失と経験損失はそれぞれ

$$-\mathbb{E}_w[\,\mathbb{E}_X[\,\log p(X|w)\,]\,], \qquad -\mathbb{E}_w\Big[\frac{1}{n}\sum_{i=1}^n \log p(X_i|w)\Big]$$

となる。事後分布が正規分布で近似できるときに，定理3の証明と同様の計算により，この汎化損失と経験損失を求めよ。またその平均値を求めよ。（注意：ベイズ推測では確率モデルを事後分布で平均してから予測するのに対して，ギブス推測では，ランダムに得たパラメータで予測してから平均を行うので，この二つの推測は等価ではない。汎化損失，経験損失の値も異なる）。

【3】 確率モデルとして回帰問題

$$p(y|x,a,b) = \frac{1}{\sqrt{2\pi\sigma^2}}\exp\Big(-\frac{1}{2\sigma^2}(y-r(x,a,b))^2\Big),$$
$$q(y|x) = \frac{1}{\sqrt{2\pi}}\exp\Big(-\frac{1}{2}(y-r_0(x))^2\Big)$$

を考える。$x \in \mathbb{R}^1, y \in \mathbb{R}^1$ であり，x の確率分布は $q_0(x)$ であり

$$r(x,a,b) = ax + b$$

とする。$q(y|x)$ に対して最適なパラメータを (a_0, b_0) とするとき，行列 $I(a_0, b_0)$，$J(a_0, b_0)$ を求めよ。また，二つの行列の差を求めよ。

4
一 般 理 論

　この章では，事後分布が正規分布で近似できない一般の場合においても成り立つ理論を述べる．事後分布が正規分布で近似できないときには，そのような状況を扱うための数学的準備が必要になるので，まず結果としてどのような定理が得られるかを説明しよう．

(1) 定理 7 でつぎのことを示す．真の分布と確率モデルがなんであっても，パラメータを変換する写像 $w = g(u)$ が存在して，経験誤差関数を

$$nK_n(g(u)) = n\, u^{2k} - \sqrt{n}\, u^k\, \xi_n(u)$$

という形の標準形で表すことができる．ここで u^{2k} は変数ごとの積で表される $u^{2k} = u_1^{2k_1} u_2^{2k_2} \cdots u_d^{2k_d}$ であり，$\xi_n(u)$ は正規確率過程に法則収束する確率過程である．

(2) 定理 10 でつぎのことを導出する．事後分布が正規分布で近似できてもできなくても，ある有理数 $\lambda > 0$ と自然数 m が存在して，自由エネルギー $F_n(\beta)$ が

$$F_n(\beta) = nL_n(w_0) + \frac{\lambda}{\beta}\log n - \frac{(m-1)}{\beta}\log\log n + O_p(1)$$

という挙動をもつ．ここで定数 λ は数学において双有理不変量と呼ばれる量であり具体的に計算できる．

(3) 定理 14 と定理 15 ではつぎのことを明らかにする．汎関数分散を

$$V_n = \sum_{i=1}^{n}\left\{ \mathbb{E}_w[(\log p(X_i|w))^2] - \mathbb{E}_w[\log p(X_i|w)]^2 \right\}$$

と定義し，経験損失 T_n と和をとることで定義される情報量規準を

$$W_n = T_n + \frac{\beta V_n}{n}$$

と定義すると $\beta=1$ のとき $G_n-L(w_0)$ と $W_n-L_n(w_0)$ は，平均も分散も等しい．

(4) 定理 16 において，事後確率最大化推測，最尤推測では経験損失は小さくなるが汎化損失は大きくなることを示す．また，平均プラグイン推測では，漸近的にも真の分布が推測できないことを説明する．

つぎに上記のことを示すための数学的な方法の概要を述べる．事後分布による平均操作 $\mathbb{E}_w[\ ]$ は，経験誤差関数 $K_n(w)$ を用いて

$$\mathbb{E}_w[\ ] = \frac{\int (\ )\exp(-n\beta K_n(w))\varphi(w)dw}{\int \exp(-n\beta K_n(w))\varphi(w)dw}$$

と表される．これから，ベイズ推測の理論は**事後微小積分**

$$\Omega(w)dw = \exp(-n\beta K_n(w))\varphi(w)dw$$

の挙動を考える問題であることがわかる．事後分布が正規分布で近似できない場合には，事後分布はパラメータ全体の集合 W の中で特異点を含む広がりになっている．そのような場合を考察するために変数変換

$$w = g(u)$$

を用いて，$w \in W$ 上の事後分布を $u \in \mathcal{M}$ 上の事後分布に移す方法を考える．ここで，集合 $\mathcal{M}$ 上の経験誤差関数 $K_n(g(u))$ の挙動が解析できるためには，どうしても $\mathcal{M}$ が多様体になる場合を考えなくてはならない．適切な多様体上で考えることにより，事後微小積分を「サンプル数だけの関数」と「確率過程に収束する関数」とに分割することができるからである．以上の状況のことを「特異点解消によって事後分布が**繰込み可能**になる」という．繰込み可能になると $n \to \infty$ における事後分布の挙動と有限な n における事後分布の間にスケーリング関係が導出できるので，このことを利用して上記で述べた定理を示すことができる．

4.1 多様体

まず，多様体について述べよう．多様体といっても本書で必要になるのは，多様体の定義，局所座標，および「1 の分割」だけである．

4.1 多様体

集合 $\mathcal{M}$ において開集合の全体が定義されているとしよう。そのような集合を**位相空間**という。位相空間 $\mathcal{M}$ の任意の 2 点 x, y $(x \neq y)$ に対してある開集合 U, V が存在して $x \in U$, $y \in V$ であり, かつ $U \cap V = \emptyset$ とできるとき ($\emptyset$ は空集合を表す), $\mathcal{M}$ を**ハウスドルフ空間**という。

定義 14 ハウスドルフ空間 $\mathcal{M}$ の開集合 U に対して, $\mathbb{R}^d$ の開集合 V と全単射 $\phi : U \to V$ が存在して, 以下が成り立つとする。

1. U に含まれる開集合は ϕ で開集合に写される。
2. V に含まれる開集合は ϕ^{-1} で開集合に写される。

このような性質をもつ U の和集合に $\mathcal{M}$ が含まれるとき, $\{(U, \phi)\}$ を $\mathcal{M}$ の**座標近傍系**といい, d を $\mathcal{M}$ の**次元**という。$\mathcal{M}$ を**多様体**という。$\mathcal{M}$ の二つの座標近傍 $(U_1, \phi_1), (U_2, \phi_2)$ について, $U^* \equiv U_1 \cap U_2 \neq \emptyset$ であるとき, 二つの関数

$$\phi_1(U^*) \ni x \mapsto \phi_2(\phi_1^{-1}(x)) \in \phi_2(U^*),$$
$$\phi_2(U^*) \ni x \mapsto \phi_1(\phi_2^{-1}(x)) \in \phi_1(U^*)$$

が共に r 回連続微分できるとき, $\mathcal{M}$ を C^r **級微分多様体**という。この二つの関数が共に解析関数であるとき M を**解析多様体**という。

例 10 多様体の例をあげる。

(1) ユークリッド空間の開集合は多様体である。この場合には一つの座標近傍で全体を覆うことができる。

(2) 球面 (2 次元球面) は多様体である。一つの座標近傍では全体を覆うことはできないので複数の座標近傍が必要である。

(3) 一般に微分可能な関数 $K : \mathbb{R}^d \ni w \mapsto K(w) \in \mathbb{R}^1$ が与えられたとき, 集合 $W_0 = \{w \in \mathbb{R}^d \, ; \, K(w) = 0\}$ が空集合でなく

$$\{w \in W_0 \, ; \, \nabla f(w) = 0\}$$

が空集合であれば, W_0 は多様体であることが知られている。

例 11 二つの 1 次元実ユークリッド空間

$$U_1 = \{x_1\} = \mathbb{R}^1, \qquad U_2 = \{x_2\} = \mathbb{R}^1$$

の直和 $U_1 \cup U_2$ において,x_1 と x_2 が同じ U_i に属するとき $x_1 = x_2$ であり x_1 と x_2 が異なる U_i に属するとき $x_1 x_2 = 1$ が成り立つとき,$x_1 \sim x_2$ と書く。これは同値関係である。同値関係の商集合(同値なものを一つの元として,それら全体の集合のこと)である $\mathcal{M} = (U_1 \cup U_2)/\sim$ は多様体であり,1 次元球面($\mathbb{S}^1$)である。U_1, U_2 は多様体の局所座標である。このように,複数のユークリッド空間の点が等価になるように同値関係を導入して商空間をつくることを「U_1 と U_2 を貼り合わせる」という。

例 12 二つの 2 次元ユークリッド空間

$$U_1 = \{(x_1, y_1)\} = \mathbb{R}^2, \qquad U_2 = \{(x_2, y_2)\} = \mathbb{R}^2$$

を考える。この二つの集合の直和 $U_1 \cup U_2$ において

$$x_1 = \frac{x_2}{x_2^2 + y_2^2}, \qquad y_1 = \frac{y_2}{x_2^2 + y_2^2}$$

が成り立つ点は同じ点だと考えて同値関係 $\sim$ を導入して貼り合わせると $\mathcal{M} = (U_1 \cup U_2)/\sim$ は多様体になる。この多様体は 2 次元球面である。

例 13 二つの座標 $U_1 = \{(x_1, y_1)\}$ と $U_2 = \{(x_2, y_2)\}$ を用意して,U_1 上の点 (x_1, y_1) と U_2 上の点 (x_2, y_2) について

$$x_1 = x_2 y_2, \qquad x_1 y_1 = y_2$$

が成り立つように U_1 と U_2 を貼り合わせて $\mathcal{M} = (U_1 \cup U_2)/\sim$ を考える。このとき $\mathcal{M}$ は多様体になる。二つの座標 U_1 と U_2 は $\mathcal{M}$ の局所座標である。この多様体を 2 次元実射影空間という。

4.2 標　準　形

　一般の事後分布の挙動を考える際に任意の形状をもちうる事後分布をそのまま扱うことで統計的推測の理論をつくることは困難である．事後分布を標準的な形に変換して理論をつくることを考えることにしよう．統計学において特異点解消定理を用いて対数尤度比関数を標準形にすることができる．

4.2.1　特異点解消定理

本書で用いる特異点解消定理 [3], [11] を説明しよう．

定理 6 (特異点解消定理（広中の定理）) $K(w) \geqq 0$ を開集合 $W \subset \mathbb{R}^d$ 上の非負値の解析関数とし，$K(w) = 0$ を満たす $w \in W$ が存在するとする．このとき，ある d 次元多様体 $\mathcal{M}$ と解析写像 $g : \mathcal{M} \to W$ が存在して，$\mathcal{M}$ の局所座標ごとに

$$K(g(u)) = u_1^{2k_1} u_2^{2k_2} \cdots u_d^{2k_d}, \tag{4.1}$$

$$|g'(u)| = b(u)|u_1^{h_1} u_2^{h_2} \cdots u_d^{h_d}| \tag{4.2}$$

が成立するようにできる．ここで $|g'(u)|$ は $w = g(u)$ のヤコビアンである．

$$|g'(u)| = \left|\det\left(\frac{\partial w_i}{\partial u_j}\right)\right|.$$

また $b(u) > 0$ は零にならない解析関数であり

$$k = (k_1, k_2, ..., k_d), \qquad h = (h_1, h_2, ..., h_d)$$

は，非負の整数の集合（0 も含む．$(k_1, k_2, ..., k_d)$ のうち少なくても一つは 0 ではない）．このような k, h のことを多重指数という．式 (4.1), (4.2) を，それぞれつぎのように表す．

$$K(g(u)) = u^{2k}, \qquad |g'(u)| = b(u)|u^h|.$$

このような多様体と写像の組 $(\mathcal{M}, g)$ を**特異点の解消**という．

(説明) 初めてこの定理に出会った人のために説明を加える。

(1) この定理は，どんな解析関数 $K(w)$ でも $K(g(u))$ を標準的な形にすることができるような写像 $w = g(u)$ が存在するということを保証するものである。特に集合 $\{w; K(w) = 0\}$ が特異点をもつ場合が重要なのであるが，本書の範囲では「特異点の定義」を知らなくてもよい。この定理は集合 $\{w; K(w) = 0\}$ が特異点を含んでいても含んでいなくても成立するからである。特異点の定義を知りたい読者は，例えば巻末の引用・参考文献 31) を参照。

(2) 関数 $K(w)$ がユークリッド空間上に定義されていても，この定理を成立させるためには，どうしても多様体が必要である。そのために多様体の定義を導入したのである。

(3) 多重指数 k, h は局所座標ごとに異なっていてよい。

(4) 本書では $K(w)$ が非負である場合だけが必要なので，上記のように述べたが，この定理は $K(w)$ が正負の両方の値をとる場合でも成立する。そのときには $2k$ のように偶数だけの多重指数ではなく奇数も含む多重指数になる。

(5) $|g'(u)| = 0$ となるような u の集合は $\mathcal{M}$ の中で体積が 0 の集合である。しかしながら，$|g'(u)|$ が 0 になる点があるので g は微分同相写像ではなく W と $\mathcal{M}$ は多様体としては等価ではない。

(6) 一般に $K(w) = 0$ を満たす w の集合は扱いにくい点（特異点）を含んでいる。一方，$K(g(u)) = 0$ を満たす集合の特異点は「$u^{2k} = 0$」のような形状をしたものだけになる。このような特異点を**正規交差特異点**という。この定理は「特異点がなくなる」という意味での特異点解消定理ではない。「特異点が正規交差だけになる」という意味での特異点解消定理である。

この定理は広中平祐氏によって証明された代数幾何学において最も重要な定理である。専門家による本も多く，また，この定理の学習理論への応用については他書で紹介した[31]ので，ここでは本書で必要になる最小範囲だけを述べ

4.2 標準形

る。この定理があって初めて任意の事後分布を統計学的に扱えるようになったのであるが、それは特異点解消定理の証明が発表されてから 35 年以上も後のことだった。数学が他の学問に波及するには長い時間を必要とすることがあるが、いったん波及すればその影響は決定的であるという典型的な例である。なお、以下では、この定理の上に汎化損失と経験損失が従う普遍的な法則を導出していくが、それは本書で初めて解説するものである。（説明終）

例 14 初めて特異点解消定理に出合った人にはこの定理が抽象的なものであると感じられるかもしれないが、この例とつぎの例を見れば具体的なものと感じられると思う。本書を読むためには、この例とつぎの例のような変換が一般の解析関数においても存在していて見つけられるということを知ることができれば十分である。$\mathbb{R}^2$ 上の関数

$$K(x,y) = x^2 + y^2$$

の特異点解消を与えてみよう。例 13 で定義した 2 次元実射影空間 $\mathcal{M}$ から $\mathbb{R}^2$ への写像 g をつくる。$\mathcal{M} = U_1 \cup U_2$ において、二つの座標 $U_1 = \{(x_1, y_1)\}$ と $U_2 = \{(x_2, y_2)\}$ のそれぞれの点から $\mathbb{R}^2$ の点へ

$$x = x_1 = x_2 y_2, \qquad y = x_1 y_1 = y_2$$

と定義しよう。合成関数 $K(g(\ ))$ は、$\mathcal{M}$ のそれぞれの座標の上で

$$K(g(x_1, y_1)) = x_1^2(1 + y_1^2), \qquad K(g(x_2, y_2)) = y_2^2(x_2^2 + 1)$$

となる。このとき、それぞれの座標の上でヤコビアン $|g'(u)|$ は

$$|g'(u)| = |x_1| = |y_2|$$

となる。$1 + y_1^2$ と $x_2^2 + 1$ は 0 にならない関数なので、この時点で特異点解消はできているが、定理の形とぴったり一致させたい場合には、さらに微分同相写像を

$$x_1' = x_1(1+y_1^2)^{1/2}, \quad y_1' = y_1,$$
$$x_2' = x_2, \quad y_2' = y_2(1+x_2^2)^{1/2}$$

とおくと

$$K = (x_1')^2 = (y_2')^2$$

となる。

例 15 上の例では単純過ぎて実感が得られないという人のために，より非自明な例をあげる。$\mathbb{R}^3$ 上の関数

$$K(a,b,c) = (ab+c)^2 + a^2b^4.$$

を考える。四つの座標

$$U_i = \{(a_i, b_i, c_i)\} \quad (i = 1, 2, 3, 4)$$

を考えて，各座標から $\mathbb{R}^3$ への写像を

$$a = a_1 c_1, \quad b = b_1, \quad c = c_1.$$
$$a = a_2, \quad b = b_2 c_2, \quad c = a_2(1-b_2)c_2.$$
$$a = a_3, \quad b = b_3, \quad c = a_3 b_3(b_3 c_3 - 1).$$
$$a = a_4, \quad b = b_4 c_4, \quad c = a_4 b_4 c_4 (c_4 - 1).$$

と定義しよう。また四つの座標は，行き先が同じになる元を同じと考えることで貼り合わせることができて多様体になる。それぞれの座標の上で

$$K = c_1^2((a_1 b_1 + 1)^2 + a_1^2 b_1^4) = a_2^2 c_2^2 (1 + b_2^2 c_2^2)$$
$$= a_3^2 b_3^4 (c_3^2 + 1) = a_4^2 b_4^2 c_4^4 (1 + b_4^2)$$

となる。ヤコビアンは

$$|g'(u)| = |c_1| = |a_2 c_2| = |a_3 b_3^2| = |a_4 b_4 c_4|^2$$

となる。一般に，任意の多項式 $K(a,b,c)$ が与えられたとき，このような特異点の解消は代数的な計算により系統的に発見することができる。

4.2 標準形

注意 34 本書では確率モデルのパラメータの集合 W がユークリッド空間の中のコンパクトな集合（有界な閉集合）であり，W を含むある開集合 W' が存在して $K(w)$ は W' 上の解析関数になる場合を考える．このとき W' 上の関数 $K(w)$ の特異点解消があることから，W 上の関数の特異点解消があることがわかる．なお，特異点解消定理を成立させる関数 $w = g(u)$ はコンパクト集合の引戻しがコンパクトである，すなわち $C \subset W'$ がコンパクトであれば

$$g^{-1}(C) = \{u \in \mathcal{M} \,;\, g(u) \in C\}$$

もまたコンパクトである，という性質をもつことが知られている（このような性質をもつ写像 g のことをプロパーな写像という）ので，$g^{-1}(W)$ もコンパクトである．以下では，パラメータの集合を含む開集合 W' と，その特異点解消をそのたびに表記するのは煩雑になるため，$\mathcal{M}$ の記号は $g^{-1}(W)$ を表すものとする．すなわち $\mathcal{M}$ はある多様体のコンパクトな部分集合である．

注意 35 「ユークリッド空間のコンパクト集合 W の上での統計学」と「多様体のコンパクト集合 $\mathcal{M}$ の上での統計学」は数学的に等価である．したがって $\mathcal{M}$ の上で統計学をつくることができれば W の上での統計学ができる．以下で述べるように，$\mathcal{M}$ 上では対数尤度比関数を標準形にすることができるので，統計的推測の一般理論をつくることが可能になる．ところで，一般に与えられた解析関数 $K(w)$ の特異点を解消する多様体と解析写像の組 $(\mathcal{M}, g)$ は無限に存在する．異なる組 $(\mathcal{M}', g')$ を用いると別の空間で統計学をつくることができるが，でき上がる統計学は，その選び方によらない．このことを「双有理同値な統計学を建設する」という．なお，無限にある双有理同値な記述の中で最も基本的な性質をもつものはなんであるか，という問題は大切であり代数幾何学において重要な課題になっている（極小モデルの研究）．これは統計学において「確率モデルのパラメトリゼーションとして基本的なものはなにか」という問いかけと似ている．代数幾何学の研究が発展すれば統計学についてさらに深い構造が知られるようになるかもしれない．

注意 36 事前分布 $\varphi(w)$ が零となることがある場合でも

$$\varphi(w) = \varphi_1(w)\varphi_2(w)$$

と書くことができて $\varphi_1(w)$ が解析関数であり，$\varphi_2(w)$ が零とならない関数 ($\varphi_2(w) > 0$) であれば

$$K(w)\varphi_1(w)$$

に特異点解消定理を適用することで $K(g(u))$ も $\varphi_1(g(u))$ も同時に正規交差の形にすることができる。したがって上記の定理は，その場合でも同様に成立する。このことを「$K(w)$ と $\varphi_1(w)$ は同時特異点解消が可能である」という。統計学でジェフリーズの事前分布と呼ばれる事前分布は，フィッシャー情報行列が 0 になる点で 0 になるが，ジェフリーズ事前分布は解析関数の $(1/2)$ 乗の形をしているので平均誤差関数と同時に特異点解消を行うことができる。

定義 15 多様体 $\mathcal{M}$ は，座標近傍となる開集合のいくつかの和集合で覆うことができる。すなわち

$$\mathcal{M} \subset \cup_\alpha U_\alpha.$$

このとき，$\mathcal{M}$ 上の関数の集合 $\{\varphi_\alpha(x) \geqq 0\}$ でつぎの条件を満たすものが存在することを証明することができる。

1. 各 $\varphi_\alpha(x)$ は無限回微分できる非負の関数である。
2. $\varphi_\alpha(x)$ は U_α の外では 0 である。
3. $\sum_\alpha \varphi_\alpha(x)$ は多様体 $\mathcal{M}$ 上で定数関数 1 と等しい。

このような関数の集合 $\{\varphi_\alpha(x)\}$ のことを **1 の分割** という。

注意 37 多様体の中のコンパクト集合 $\mathcal{M}$ は，その中にある有限個の点を局所座標の開集合 $(-1, 1)^d$ で覆うことができるが，それをさらに 2^d 個の $[0, 1)^d$ の形の集合で分けることにすると，集合 $\mathcal{M}$ は $[0, 1]^d$ の形の局所座標の和で覆うことができる。その上で「1 の分割」と同様の手続きをすると

$$\varphi(g(u)) = \sum_{\alpha} \varphi_{\alpha}(g(u))$$

であって $\varphi_{\alpha}(g(u))$ は $[0,1]^d$ の外では 0 になるようなものが存在することがわかる．したがって，統計学を考えるとき，パラメータの集合は $[0,1]^d$ の形の局所座標の有限和で与えられていると考えてよい．以下ではこのことを利用する．

4.2.2 標　準　形

以上によってベイズ統計学を考えるための数学的な準備ができた．以下，4章では，対数尤度比関数が相対的に有限な分散をもつこと（式 (2.6)）を仮定する．

平均誤差関数 $K(w) \geqq 0$ に，特異点解消定理を適用すると

$$K(g(u)) = u^{2k}$$

とできる．定義から $K(g(u)) = \mathbb{E}_X[f(X, g(u))]$ であり，相対的に有限な分散をもつことを仮定したから，定数 $c_1 > 0$ が存在して

$$(u^k)^2 \geqq c_1 \int q(x) f(x, g(u))^2 dx$$

が成り立つ．これより $f(x, g(u))$ が u^k で割り切れることがわかる．

補題 20 対数尤度比関数 $f(x, g(u))$ が u の解析関数であるとする．このとき，ある解析関数 $a(x, u)$ が存在して

$$f(x, g(u)) = u^k a(x, u)$$

が成り立つ．

（証明）条件式から

$$1 \geqq c_1 \int q(x) \Big(\frac{f(x, g(u))}{u^k} \Big)^2 dx \tag{4.3}$$

が成り立つ．もしも補題が成り立たないとすると u^k で割り切れない $b(x, u)$ が存在して

$$f(x, g(u)) = u^k a(x, u) + b(x, u)$$

となる。$b(x,u)$ は u^k で割り切れないから $u^k \to 0$ のとき

$$\left| \frac{b(x,u)}{u^k} \right|$$

は有界にならない。これは式 (4.3) に反する。（証明終）

注意 38

(1) 上の補題のような関数 $a(x,u)$ の存在が証明できるのは $K(g(u))$ が正規交差であるからであり，相対的に有限であるという条件だけではその存在は導出できない。また，$a(x,u)$ は $\mathcal{M}$ 上では well-defined な関数であるが，W 上では well-defined ではない。すなわち $a(x, g^{-1}(w))$ は w の関数として well-defined ではない。

(2) この補題と定義式

$$K(g(u)) = \int f(x, g(u)) q(x) dx$$

から

$$\int a(x,u) q(x) dx = u^k$$

であることがわかる。

定義 16 経験過程 $\xi_n(u)$ を

$$\xi_n(u) = \frac{1}{\sqrt{n}} \sum_{i=1}^{n} \{u^k - a(X_i, u)\} \tag{4.4}$$

と定義する。これはサンプル X^n によって定まる確率過程であり，平均関数が 0 で分散共分散関数が

$$\mathbb{E}[\xi_n(u)\xi_n(v)] = \mathbb{E}_X[a(X,u)a(X,v)] - u^k v^k \tag{4.5}$$

である。また同じ平均関数と分散共分散関数によって定まる正規確率過程 $\xi(u)$ に法則収束する。これはサンプルには依存しない確率過程である。確率過程 $\xi(u)$ についての平均操作を $\mathbb{E}_\xi[\ \ ]$ と書く。経験過程については 8.5.3 項を見よ。

4.2 標 準 形

補題 21 真の分布が確率モデルで実現可能である場合には $K(g(u)) = 0$ ならば

$$\mathbb{E}[\xi_n(u)^2] = \mathbb{E}_\xi[\xi(u)^2] = \mathbb{E}_X[a(X,u)^2] = 2$$

である。ここで $\mathbb{E}_\xi[\ ]$ は ξ に関する平均を表している。

(証明) $K(g(u)) = (u^k)^2$ であるから，式 (4.5) より，最後の等式を示せば十分である。補題 4(2) の証明中で示したように，$K(w) \to 0$ において

$$K(w) = \mathbb{E}_X[f(X,w)] \cong \frac{1}{2}\mathbb{E}_X[f(X,w)^2]$$

である。この式に $f(x, g(u)) = u^k a(x,u)$ を代入すると

$$u^{2k} \cong \frac{u^{2k}}{2}\,\mathbb{E}_X[a(X,u)^2].$$

両辺を u^{2k} で割ってから $K(g(u)) \to 0$ とすればよい。(証明終)

以上のことを用いると任意の経験誤差関数を標準形で表すことができる。

定理 7 (経験誤差関数の標準形) 対数尤度比関数が相対的に有限な分散をもつことを仮定する。パラメータを変換する関数 $w = g(u)$ が存在して，経験誤差関数は

$$nK_n(g(u)) = n\,u^{2k} - \sqrt{n}\,u^k\,\xi_n(u), \tag{4.6}$$

また事前分布は

$$\varphi(w)\,dw = |u^h|\,b(u)\,du$$

となる。確率過程 $\xi_n(u)$ は正規確率過程 $\xi(u)$ に法則収束する。

以上により，標準形が得られたので，どんな場合でも事後微小積分が

$$\Omega(w)dw = \exp(-n\,\beta\,u^{2k} + \sqrt{n}\,\beta\,u^k\,\xi_n(u))\,|u^h|\,b(u)\,du$$

という形にできることがわかった。このことで事後分布についてつぎのような

分割ができた.

(1) $\sqrt{n}\,u^k$ がサンプル数 n とともに変化していく部分を表している.
(2) $\xi_n(u)$ がサンプルの確率的なゆらぎを表している.

まず,サンプル数 n に伴って変化していく分を考えるために,**状態密度**

$$\delta(t - nu^{2k})|u^h|b(u)du$$

の挙動を考えることにする.

4.3 状態密度の挙動

4.3.1 超関数

状態密度を説明するために超関数の概念が必要になるので,この項では,本書で必要になる範囲について超関数の説明を行う.

デルタ関数 $\delta(x)$ は,任意の無限回微分できる $\varphi(x)$ に対して

$$\int \delta(x)\varphi(x)dx = \varphi(0) \tag{4.7}$$

を成り立たせるものと定義する.この式は右辺を用いて左辺を定義したものである.この関係を満たすような関数 $\delta(x)$ は通常の関数の範囲には存在しないが,おおよそ

$$\delta(x) = \begin{cases} \infty & (x = 0) \\ 0 & (x \neq 0) \end{cases}$$

と

$$\int \delta(x)dx = 1$$

の両方を満たすようなものであると考えてよい.デルタ関数が具体的なものと感じられない読者は,「つねに $X = 0$ となる確率変数の確率分布を表すもの」と考えればイメージがつかめるであろう.普通の関数 f とは「対応させるもの

「$f : x \to y$」のことであるが，超関数 f とは「積分した値 $\int f(x)dx$ が現実の世界に現れるもの」なのである。

さて，式 (4.7) はデルタ関数を定義したものであるが，積分の変数変換，置換積分，微分と積分の交換について普通の関数と同じように行うことができることをもって，デルタ関数の性質であると定義する。するとデルタ関数の有用な性質を導くことができる。

1. デルタ関数は偶関数である。

$$\delta(x) = \delta(-x)$$

   が成り立つ（式 (4.7) で $x' = -x$ とおくと導出できる）。

2. デルタ関数の平行移動について

$$\int \delta(t-x)\varphi(x)dx = \varphi(t)$$

   が成り立つ（式 (4.7) で $x' = t - x$ とおくと導出できる）。

3. 定数倍については

$$\delta(ax) = \frac{1}{|a|}\delta(x)$$

   である（式 (4.7) で $x' = ax$ とおくと導出できる）。

4. 普通の関数であるステップ関数 $\Theta(x)$ を

$$\Theta(x) = \begin{cases} 1 & (x \geq 0) \\ 0 & (x < 0) \end{cases}$$

   と定義すれば

$$\int \Theta(t-x)\varphi(x)dx = \int_{-\infty}^{t} \varphi(x)dx$$

   が成り立つから，この式の両辺を t で微分して式 (4.7) と比べることにより

$$\frac{d}{dt}\Theta(t-x) = \delta(t-x)$$

である。デルタ関数は，普通の関数の微分と考えることができるのである。

5. 多変数の場合についても

$$\int \Theta(t-x^2-y^2-z^2)\varphi(x,y,z)dxdydz$$
$$= \int_{x^2+y^2+z^2<t} \varphi(x,y,z)dxdydz$$

が成り立つことから，この式の両辺を t で微分することにより

$$\int \delta(t-x^2-y^2-z^2)\varphi(x,y,z)dxdydz$$
$$= \frac{d}{dt}\Big(\int_{x^2+y^2+z^2<t} \varphi(x,y,z)dxdydz\Big) \quad (4.8)$$

が成り立つことがわかる。

6. 特に $t \to +0$ のとき，原点の近傍で

$$\varphi(x,y,z) = \varphi(0) + O(\sqrt{x^2+y^2+z^2})$$

であるから，式 (4.8) は

$$\frac{d}{dt}\Big(\varphi(0)\frac{4\pi}{3}t^{3/2} + O(t^2)\Big) = 2\pi\varphi(0)t^{1/2} + O(t)$$

となるから $t \to +0$ のとき超関数の挙動

$$\delta(t-x^2-y^2-z^2) = 2\pi\delta(x)\delta(y)\delta(z)t^{1/2} + o(t^{1/2})$$

が得られた。

7. 超関数を用いて積分要素を定義することができる。例えば $\mathbb{R}^2$ 上の積分要素

$$D(x,y)dxdy = \delta(x-y^2)dxdy$$

による積分は

$$\int_{-\infty}^{\infty}\int_{-\infty}^{\infty} f(x,y)D(x,y)dxdy = \int_{-\infty}^{\infty} f(y^2,y)dy$$

となる。このとき，超関数 $D(x,y)$ あるいは積分要素 $D(x,y)dxdy$ の**サポート**は，集合 $\{(x,y)\;;\;x-y^2=0\}$ であるという。サポートのことを超関数あるいは積分要素の**台**と呼ぶこともある。

4.3.2 状態密度関数

ベイズ統計を考えるとき，$u \in \mathbb{R}^d$ 上の超関数で $t \in \mathbb{R}$ の関数

$$\Delta(t,u) = \delta(t-u^{2k})|u^h|$$

の $t \to 0$ における挙動が重要である。

定義 17 多重指数 $k=(k_j)$, $h=(h_j)$ から定まる値

$$\left(\frac{h_j+1}{2k_j}\right) \qquad (j=1,2,..,d) \tag{4.9}$$

を考える。$k_j = 0$ のときは上式の値は $+\infty$ と定義しておく。式 (4.9) の最小値を $\lambda(>0)$ として，最小値をとる j の個数を m とする。

$$\lambda = \min_{j=1}^{d}\left\{\frac{h_j+1}{2k_j}\right\} > 0. \tag{4.10}$$

定義から λ は有理数であり，m は $1 \leq m \leq d$ を満たす自然数である。この値 λ のことを多重指数 k, h から定まる**実対数閾値**と呼び，m をその**多重度**と呼ぶ。なお，$(k_1,...,k_d)$ のうち少なくても一つは 0 ではないから λ は有限である。

さて，d 次元の中の集合 $[0,1]^d$ の上の積分要素 $\delta(t-u^{2k})|u^h|b(u)du$ の挙動を考える。ここで関数 $b(u) > 0$ は無限回微分できるとする。また座標 u の順番を並び替えて $u = (u_1, u_2, ..., u_d)$ の中で式 (4.9) が最小値をとる j に対応するものを集めて $u_a \in \mathbb{R}^m$ として前半におき，そうでないものを集めて $u_b \in \mathbb{R}^{d-m}$ として後半におく。すなわち $u = (u_a, u_b)$ と書く。このとき，つぎの定理が成り立つ。

定理 8 (状態密度の漸近挙動) ある微小積分 du^* が存在して $t \to 0$ において

$$\delta(t - u^{2k})|u^h|b(u)du = t^{\lambda-1}(-\log t)^{m-1}du^* + o(t^{\lambda-1}(-\log t)^{m-1}) \tag{4.11}$$

である。ここで微小積分 du^* を

$$du^* = \left(\frac{1}{(m-1)! \, 2^m \prod_{j=1}^{m} k_j} \right) \cdot \delta(u_a) u_b^\mu b(u) du$$

と定義した。ただし $\mu = \{\mu_j \, ; \, j = m+1, ..., d\}$ は多重指数で $\mu_j = -2\lambda k_j + h_j$ によって定義されるものである。したがって du^* のサポートは $\{u \in [0,1]^d \, ; \, u_a = 0\}$ であり，集合 $\{u \in [0,1]^d \, ; \, u^{2k} = 0\}$ に含まれている。

この定理を証明するために関数 $f(t)$ のメリン変換を

$$(Mf)(z) = \int_0^\infty t^z f(t) dt \qquad (z \in \mathbb{C})$$

と定義する。メリン変換は以下の逆変換をもつ。

$$(M^{-1}F)(t) = \frac{1}{2\pi i} \int_{c-i\infty}^{c+i\infty} F(z) t^{-z} dz. \tag{4.12}$$

ここで，一般にある関数のメリン変換は領域 $a < \mathrm{Re}(z) < b$ の中で複素関数として正則になるような定数 a, b をもつので，定数 c は $a < c < b$ を満たすようにとる。関数 $f(t)$ が連続微分可能な関数 (C^1 級関数) であれば，$M^{-1}(Mf) = f$ が成り立つので，対応 $f \leftrightarrow Mf$ は実質的に 1 対 1 であると考えてよい。メリン変換の重要な性質として，つぎの二つが等価であるということがある。

① $t \to 0$ のとき $f(t) \cong t^{\lambda-1}(-\log t)^{m-1}$
② $(Mf)(z) \cong 1/(z+\lambda)^m$

したがって，$t \to 0$ において関数が 0 に近づく早さを比べたいとき，メリン変換の極の位置を比べればよい。

補題 22 $\lambda > 0$ を実数, $m > 0$ を自然数とする。

$$f_m(t) = \begin{cases} t^{\lambda-1}(-\log t)^{m-1} & (0 < t < 1) \\ 0 & (\text{上記以外}) \end{cases}$$

のメリン変換は

$$(Mf_m)(z) = \frac{(m-1)!}{(z+\lambda)^m}$$

である。

(証明) メリン変換の定義に部分積分を用いるとよい。

$$\begin{aligned}
(Mf_m)(z) &= \int_0^1 t^z\, t^{\lambda-1}(-\log t)^{m-1} dt \\
&= \left[\frac{1}{z+\lambda} t^{z+\lambda}(-\log t)^{m-1}\right]_0^1 \\
&\quad + \frac{m-1}{z+\lambda} \int_0^1 t^{z+\lambda-1}(-\log t)^{m-2} dt \\
&= \frac{m-1}{z+\lambda}(Mf_{m-1})(z)
\end{aligned}$$

であるから, これを繰り返し用いればよい。(証明終)

(定理 8 の証明) 超関数 $\Delta(t, u)$ を t についてメリン変換すると

$$(M\Delta)(z, u) = u^{2kz+h}.$$

これに無限回微分できる任意の関数 $\Phi(u)$ を掛けて $[0,1]^d$ 上で積分したものを

$$\zeta(z) = \int_{[0,1]^d} u^{2kz+h} \Phi(u) du$$

と書く。関数 $\Phi(u)$ の原点の周りで $u = (u_a, u_b)$ の u_a の部分についてだけ展開すると

$$\Phi(u) = \Phi(0, u_b) + u_a \cdot \nabla_a \Phi(0, u_b) + \cdots.$$

ここで "…" の部分は，平均値の定理を用いて $(u_a^2/2)\nabla^2\Phi(u_a^*, u_b)$ と書くことができる．以下では主要な項にならない部分を "…" と表記する．

$$\begin{aligned}
\zeta(z) &= \int_{[0,1]^d} u^{2kz+h}\Phi(0, u_b)du + \cdots \\
&= \Big(\prod_{j=1}^m \int_0^1 u_j^{2k_j z + h_j} du_j\Big) \int_{[0,1]^{d-m}} u_b^{2kz+h}\Phi(0, u_b)du_b + \cdots \\
&= \Big(\prod_{j=1}^m \frac{1}{2k_j z + h_j + 1}\Big) \int_{[0,1]^{d-m}} u_b^{2kz+h}\Phi(0, u_b)du_b + \cdots \\
&= \frac{c_1}{(z+\lambda)^m} \int_{[0,1]^{d-m}} u_b^{2kz+h}\Phi(0, u_b)du_b + \cdots.
\end{aligned} \quad (4.13)$$

ここで

$$c_1 = \Big(\prod_{j=1}^m \frac{1}{2k_j}\Big) > 0 \quad (4.14)$$

とおいた．関数 $\zeta(z)$ は $\mathrm{Re}(z) > -\lambda$ には極をもたない．式 (4.13) において $1/(z+\lambda)^m$ の係数の部分と "…" の部分は領域 $\mathrm{Re}(z) > -\lambda$ に極をもたず，$z = -\lambda$ に極をもつ場合には，その位数が m よりも小さいから，$\zeta(z)$ の最大極は $(-\lambda)$ で，その位数が m であることがわかった．多重指数 $\mu = (\mu_j)$ を

$$\mu_j = -2\lambda k_j + h_j \quad (j = m+1, ..., d)$$

と定義すると $\mu_j > -1$ である．式 (4.9) において $1/(z+\lambda)^m$ の係数の部分を $z = -\lambda$ の周りで展開すると先頭の項以外では極の位数が小さくなる．したがって

$$\zeta(z) = \frac{c_1}{(z+\lambda)^m} \int_{[0,1]^{d-m}} u_b^\mu \Phi(0, u_b) du_b + \cdots$$

と書いたとき，"…" の部分には $\zeta(z)$ と同じ最大極と同じ位数をもつ部分は含まれていない．また $\mu_j > -1$ であるから上記の積分は有限値である．補題 22 を用いて，これを逆メリン変換することにより

$$\Delta(t, u) = (c_2 \delta(u_a) u_b^\mu)\, t^{\lambda-1}(-\log t)^{m-1} + \cdots$$

が得られた。ここで $c_2 = c_1/(m-1)!$ は定数であり，「$\cdots$」は $t \to 0$ で主要項よりも早く 0 に収束する。最後に積分要素を

$$du^* \equiv c_2 \delta(u_a) u_b^\mu b(u) du \tag{4.15}$$

とおくと定理が得られる。（証明終）

例 16 $[0,1]^3$ 上の状態密度を

$$\delta(t - x^4 y^6 z^8) x^1 y^2 z^6 dx dy dz$$

としよう。多重指数は $2k = (4,6,8),\ h = (1,2,6)$ であるから

$$\lambda = \min\left\{\frac{1+1}{4}, \frac{2+1}{6}, \frac{6+1}{8}\right\}$$

であるから $\lambda = 1/2$ で $m = 2$ である。また $\mu_3 = -(1/2) \cdot 8 + 6 = 2$ であるから，定理 8 から $t \to 0$ において

$$\delta(t - x^4 y^6 z^8) x^1 y^2 z^6 dx dy dz \cong \frac{1}{24} t^{-1/2} (-\log t)\, \delta(x)\delta(y) z^2 dx dy dz$$

である。極限の積分のサポートは $\{(x,y,z)\,;\,x = y = 0\}$ である。

注意 39 定理 8 における微小積分 du^* は存在するだけでなく，式 (4.15) によって具体的に与えられている。そのサポートは，$u^{2k} = 0$ を満たす u の集合に含まれているがその集合全体に広がっているとはかぎらず，その集合に含まれた部分集合 $\{u = (u_a, u_b)\,;\,u_a = 0\}$ である。

注意 40

(1) 平均誤差関数 $K(w)$ が与えられたとき，これに特異点解消定理を適用すると $K(g(u)) = u^{2k}$ および $\varphi(w)dw = b(u)|u^h|du$ とできる。多重指数 k と h は局所座標ごとに異なるが，λ としてはその中の最小値を，m としては λ の最小値を与える局所座標の中で最大値を，それぞれ定義とする。一般に与えられた関数 $K(w)$ に対して，その特異点解消は無限にあ

り，ユニークではない．多重指数 k, h についても特異点解消に依存して異なるのでユニークではない．しかしながら，λ と m はどのような特異点解消を考えても同じ値になる．この λ を**実対数閾値**という．

(2) 特異点解消に依存しない値のことを**双有理不変量**という．実対数閾値は，高次元代数幾何学において重要な役割を果たす双有理不変量として知られているが，統計学においては統計的推測の精度を定めている値になっている．

(3) 統計的推測の挙動を定めている値は，パラメータ空間を変換しても変化しないので自動的に双有理不変量になるはずである．

(4) 確率モデルに対して真の分布が正則なときには，真の分布が確率モデルで実現可能でなくても $\lambda = d/2$, $m = 1$ が成り立つ．

定義 18 平均誤差関数 $K(w)$ と事前分布 $\varphi(w)$ が与えられたとき，統計的推測の**ゼータ関数**を

$$\zeta(z) = \int K(w)^z \varphi(w) dw$$

と定義する．この関数は $\mathrm{Re}(z) > 0$ において正則関数である．特異点解消定理を用いて

$$\zeta(z) = \sum_\alpha \int K(g(u))^z \varphi(g(u))|g(u)'|\varphi_\alpha(u)du = \sum_\alpha \int u^{2kz} u^h b(u) du$$

と書ける．ここで $\varphi_\alpha(u)$ は 1 の分割である．このことから $\zeta(z)$ は複素平面全体に有理型関数として解析接続することができる．その最大の極が $(-\lambda)$ であり，位数が多重度 m である．

注意 41 この注意ではゼータ関数と数学の関係を紹介するが，数学との関連について本書ではこの注意以上には考察しないので，理解できないことが書いてあっても本書を読むうえでは心配しなくてよい．

4.3 状態密度の挙動

(1) 与えられた問題における実対数閾値を求めたいとき，特異点解消定理を用いてゼータ関数の極を見出せばよい．平均誤差関数 $K(w)$ はサンプルのゆらぎを含んでいないので，ゼータ関数の極の問題を考える場合には確率的な扱いは必要にならない．与えられた確率モデル・真の分布・事前分布の三組に対して実対数閾値を求めることは必ずしも容易ではないが，現在，多くのケースについて解明されつつある．

(2) 二つの多項式 $K_1(w)$ と $K_2(w)$ について定数 $c_1, c_2 > 0$ が存在して，任意の $w \in W$ について

$$c_1 K_1(w) < K_2(w) < c_2 K_1(w)$$

が成り立つならば，$K_1(w)$ と $K_2(w)$ に対応する実対数閾値と多重度が同じであることはゼータ関数の定義から明らかである．

(3) このことから

$$K_1(w) = \sum_{j=1}^{J_1} f_j(w)^2, \qquad K_2(w) = \sum_{j=1}^{J_2} g_j(w)^2$$

であり $\{f_j(w)\}$ から生成されるイデアルと $\{g_j(w)\}$ から生成されるイデアルとが等しいとき，実対数閾値は同じになることがわかる．（イデアルの定義については，例えば巻末の引用・参考文献 31) 参照）．

(4) ゼータ関数の挙動を数学の問題として考える場合には，代数幾何だけでなく代数解析の方法も有効であることが知られている．また，それらの分野において計算機を用いて代数計算を行うための基礎数学の理論については近年の発展が著しい．近い将来に三組を入力すると実対数閾値が自動計算できる時代が来るかもしれない．

(5) 実対数閾値が求まると，自由エネルギーと汎化損失の理論値が明らかになるので，確率モデルの評価をするときに重要な役割を果たすことがわかる．もしも理論値がわからなければ，数値計算の正しさを確認する手段がないということに留意するべきである．

4.4 統計的推測の一般理論

4.4.1 分配関数

以上で状態密度の挙動を導出できたので,つぎに事後微小積分

$$\Omega(w)dw \equiv \exp(-n\beta K_n(w))\varphi(w)dw$$

を考察しよう。これは分配関数

$$Z_n^{(0)}(\beta) = \int \Omega(w)dw \tag{4.16}$$

の挙動を解明することと等価なことである。分配関数を主要項 $Z_n^{(1)}(\beta)$ と非主要項 $Z_n^{(2)}(\beta)$ とに分割する。

$$Z_n^{(0)}(\beta) = Z_n^{(1)}(\beta) + Z_n^{(2)}(\beta).$$

ここで ϵ を $\epsilon \to 0$ かつ $\sqrt{n}\,\epsilon \to \infty$ を満たすように定めて

$$Z_n^{(1)}(\beta) = \int_{K(w)<\epsilon} \Omega(w)dw, \qquad Z_n^{(2)}(\beta) = \int_{K(w)\geqq\epsilon} \Omega(w)dw$$

とおいた。補題 12 によって非主要項は $o_p(\exp(-\sqrt{n}))$ のオーダーで小さくなる。一方,以下で示すように主要項 $Z_n^{(1)}(\beta)$ は,ある定数 $\lambda > 0$ が存在して $1/n^\lambda$ のオーダーの項になるので,定理 2 と同じように,主要項の大きさだけを考えれば十分である。すなわち,領域 $K(w) < \epsilon$ を考えればよい。しかしながら,一般に $K(w) = 0$ を満たすパラメータは一点の近傍に局在していないから,$K(w) < \epsilon$ を満たす領域も広がっている。

まず,$K(w) = 0$ の特異点を解消する写像 $w = g(u)$ を用いると,ヤコビアンを $|g'(u)|$ として

$$\Omega(w)dw = \exp(-n\beta K_n(g(u)))\,\varphi(u)\,|g'(u)|\,du.$$

dw についての積分はパラメータ全体の集合 W において行われるが,du につ

いての積分は多様体のコンパクト集合 $\mathcal{M}$ において行われる。多様体の上の積分は，局所座標ごとに行って和をとることで行うことができるので，実質的にはユークリッド空間の部分集合で積分を行って和をとることと同じであると考えてよい。標準形（式 (4.6)）を用いて

$$\Omega(w)dw = \exp(-n\beta u^{2k} + \sqrt{n}\beta u^k \xi_n(u)) |u^h| b(u) \, du.$$

デルタ関数の性質から

$$\Omega(w)dw = \int_0^\infty d\tau \, \delta(\tau - u^{2k}) u^h \exp(-n\tau\beta + \sqrt{n\tau}\beta \, \xi_n(u)) \, b(u) \, du.$$

変数の変換 $\tau = t/n$ を行うと $d\tau = dt/n$ であるから

$$\Omega(w)dw = \int_0^\infty \frac{dt}{n} \, \delta\Big(\frac{t}{n} - u^{2k}\Big) u^h \exp(-\beta t + \beta\sqrt{t} \, \xi_n(u)) \, b(u) \, du \tag{4.17}$$

と表される。ここで状態密度 $\delta(t/n - u^{2k})$ の挙動はすでに導出していたのでつぎの定理が得られる。

定理 9 対数尤度比関数が相対的に有限な分散をもつとする。事後微小積分の漸近挙動について n が大きくなるとき

$$\begin{aligned}\Omega(w)dw &= \frac{(\log n)^{m-1}}{n^\lambda} \int_0^\infty dt \, t^{\lambda-1} \, \exp(-\beta t + \beta\sqrt{t} \, \xi_n(u)) \, du^* \\ &\quad + o_p\Big(\frac{(\log n)^{m-1}}{n^\lambda}\Big)\end{aligned} \tag{4.18}$$

である。右辺の積分 $\int_0^\infty$ は t についてだけの積分を行うことを意味していて，du^* は微小積分である。この式は左辺の微小積分 dw と右辺の微小積分 du^* の間の関係を述べている。なお，du^* は定理 8 で述べたものであり，そのサポートは集合 $g^{-1}(W_0) = \{u \, ; K(g(u)) = 0\}$ に含まれる。

（証明）定理 8 と式 (4.17) からすぐに得られる。（証明終）

これより自由エネルギーの挙動を導出することができる。

定理 10 対数尤度比関数が相対的に有限な分散をもつとする。自由エネルギーはつぎの漸近挙動をもつ。

$$F_n(\beta) = nL_n(w_0) + \frac{\lambda}{\beta}\log n - \frac{(m-1)}{\beta}\log\log n$$
$$+ \frac{1}{\beta}\Theta(\beta, \xi_n) + o_p(1). \tag{4.19}$$

ここで

$$\Theta(\beta, \xi_n) = -\log \int du^* \int_0^\infty dt\, t^{\lambda-1}\, \exp(-\beta t + \beta\sqrt{t}\,\xi_n(u)) \tag{4.20}$$

は $\Theta(\beta, \xi)$ に法則収束する確率変数であり

$$\frac{\partial}{\partial \beta}\Theta(\beta, \xi_n) = \mathbb{E}_w[nK_n(w)] + o_p\left(\frac{1}{n}\right) \tag{4.21}$$

である。

(証明) 自由エネルギーは

$$F_n(\beta) = -\frac{1}{\beta}\log Z_n(\beta)$$

であり

$$Z_n(\beta) = \Big(\prod_{i=1}^n p(X_i|w_0)^\beta\Big) Z_n^{(0)}(\beta) = \Big(\prod_{i=1}^n p(X_i|w_0)^\beta\Big) \int \Omega(w)dw$$

であるから，定理 9 と $\delta(t/n - u^{2k})$ の関係から

$$nK_n(g(u)) = -t + \sqrt{t}\,\xi_n(u)$$

であるから定理が得られた。(証明終)

4.4.2 繰り込まれた事後分布

事後微小積分の漸近的な挙動がわかったので，事後分布の挙動を捉えることができる。まず極限の分布を定義しよう。

4.4 統計的推測の一般理論

定義 19 与えられた関数 $F(t, u)$ について**繰り込まれた事後分布**による平均操作 $\langle\ \rangle$ を，つぎのように定義する。

$$\langle F(t,u) \rangle = \frac{\int du^* \int_0^\infty dt\, F(t,u)\, t^{\lambda-1}\, \exp(-\beta t + \beta\sqrt{t}\, \xi_n(u))}{\int du^* \int_0^\infty dt\, t^{\lambda-1}\, \exp(-\beta t + \beta\sqrt{t}\, \xi_n(u))}. \tag{4.22}$$

ここで $\int du^*$ は各局所座標の積分の和を表す。すなわち 1 の分割を用いて

$$\int (\ )du^* = \sum_\alpha \int_{[0,1]^d} (\ )\varphi_\alpha(u) du^*$$

という意味である。また du^* は定理 8 で述べたものである。

事後分布による平均は事後微小積分を用いて

$$\mathbb{E}_w[\ ] = \frac{\int (\ )\Omega(w)dw}{\int \Omega(w)dw} \tag{4.23}$$

と表されるから，定理 9 によって事後分布による平均を繰り込まれた事後分布による平均で表すことが可能になる。両者の間の関係を**スケーリング関係**という。パラメータ w と変数 (u,t) の間には

$$w = g(u), \quad K(w) = u^{2k} = \frac{t}{n}$$

という関係がある。これより

$$f(x, g(u)) = u^k a(x,u) = \sqrt{\frac{t}{n}}\, a(x,u)$$

であり，したがって

$$K_n(g(u)) = u^{2k} - \frac{1}{\sqrt{n}} u^k \xi_n(u) = \frac{1}{n}(t - \sqrt{t}\xi_n(u))$$

が成り立つ。

定理 11 (スケーリング則) 対数尤度比関数が相対的に有限な分散をもつとする。$n \to \infty$ において，任意の実数 $s \geqq 0$ について

114   4. 一 般 理 論

$$\mathbb{E}_w[f(x,w)^s] = \frac{1}{n^{s/2}} \langle (\sqrt{t}\, a(x,u))^s \rangle + o_p\left(\frac{1}{n^{s/2}}\right) \tag{4.24}$$

が成り立つ。また

$$\langle t \rangle = \frac{\lambda}{\beta} + \frac{1}{2}\langle \sqrt{t}\xi_n(u)\rangle. \tag{4.25}$$

(証明) 式 (4.24) は定理 9 とスケーリング関係から直接に得られる。式 (4.25) はつぎのように示すことができる。定義から

$$\langle t \rangle = \frac{\int du^* \int_0^\infty dt\, t^\lambda\, \exp(-\beta t + \beta\sqrt{t}\,\xi_n(u))}{\int du^* \int_0^\infty dt\, t^{\lambda-1}\, \exp(-\beta t + \beta\sqrt{t}\,\xi_n(u))} \tag{4.26}$$

であるが，部分積分を用いて分子の t に関する積分を計算すると

$$\int_0^\infty e^{-\beta t} t^\lambda e^{\beta\sqrt{t}\xi_n(u)} dt$$
$$= -\frac{1}{\beta}\left[e^{-\beta t} t^\lambda e^{\beta\sqrt{t}\xi_n(u)}\right]_0^\infty + \frac{1}{\beta}\int_0^\infty e^{-\beta t} \frac{d}{dt}(t^\lambda e^{\beta\sqrt{t}\xi_n(u)}) dt$$
$$= \frac{\lambda}{\beta}\int_0^\infty e^{-\beta t} t^{\lambda-1} e^{\beta\sqrt{t}\xi_n(u)} dt + \int_0^\infty e^{-\beta t} t^\lambda e^{\beta\sqrt{t}\xi_n(u)} \frac{\xi_n(u)}{2\sqrt{t}} dt$$

となる。これを du^* で積分してから分母で割るとよい。(証明終)

注意 42 定理 11 から，対数尤度比関数が相対的に有限な分散をもつときには，定理 1 が適用できるための条件が満たされていることがわかった。

定義 20 関数 ξ_n の汎関数分散 $V(\xi_n)$ を繰り込まれた事後分布を用いて

$$V(\xi_n) = \mathbb{E}_X[\langle ta(X,u)^2\rangle - \langle \sqrt{t}a(X,u)\rangle^2]$$

と定義する。

定理 12 対数尤度比関数が相対的に有限な分散をもつとする。汎化損失 G_n と経験損失 T_n は

$$G_n = L(w_0) + \frac{1}{n}\left(\frac{\lambda}{\beta} + \frac{1}{2}\langle\sqrt{t}\xi_n(u)\rangle - \frac{1}{2}V(\xi_n)\right) + o_p\left(\frac{1}{n}\right), \tag{4.27}$$

$$T_n = L_n(w_0) + \frac{1}{n}\left(\frac{\lambda}{\beta} - \frac{1}{2}\langle\sqrt{t}\xi_n(u)\rangle - \frac{1}{2}V(\xi_n)\right) + o_p\left(\frac{1}{n}\right) \tag{4.28}$$

という漸近挙動をもつ。

4.4 統計的推測の一般理論

(証明) 定理 1 から，キュムラント $\mathcal{G}'_n(0), \mathcal{G}''_n(0), \mathcal{T}'_n(0), \mathcal{T}''_n(0)$ が計算できれば汎化損失と経験損失を求めることができるが，それはスケーリング関係を用いて可能になる．まず式 (4.25) を用いて

$$-\mathcal{G}'_n(0) = L(w_0) + \mathbb{E}_w[K(w)]$$
$$= L(w_0) + \frac{1}{n}\langle t \rangle = L(w_0) + \frac{1}{n}\Big(\frac{\lambda}{\beta} + \frac{1}{2}\langle \sqrt{t}\xi_n(u)\rangle\Big),$$

また

$$\mathcal{G}''_n(0) = \mathbb{E}_X[\mathbb{E}_w[f(X,u)^2] - \mathbb{E}_w[f(X,u)]^2]$$
$$= \frac{1}{n}\mathbb{E}_X[\langle ta(X,u)^2 \rangle - \langle \sqrt{t}a(X,u)\rangle^2] = \frac{1}{n}V(\xi_n)$$

が成り立つ．以上より式 (4.27) が得られた．つぎに

$$-\mathcal{T}'_n(0) = L_n(w_0) + \mathbb{E}_w[K_n(w)] = L_n(w_0) + \frac{1}{n}\langle t - \sqrt{t}\xi_n(u)\rangle$$
$$= L_n(w_0) + \frac{1}{n}\Big(\frac{\lambda}{\beta} - \Big\langle \frac{1}{2}\sqrt{t}\xi_n(u)\Big\rangle\Big)$$

であり

$$\mathcal{T}''_n(0) = \frac{1}{n}\sum_{i=1}^{n}\Big\{\mathbb{E}_w[f(X_i,u)^2] - \mathbb{E}_w[f(X_i,u)]^2\Big\}$$
$$= \frac{1}{n^2}\sum_{i=1}^{n}\Big\{\langle ta(X_i,u)^2\rangle - \langle \sqrt{t}a(X_i,u)\rangle^2\Big\}.$$

ここで，関数についての大数の法則

$$\frac{1}{n}\sum_{i=1}^{n}a(X_i,u)a(X_i,v) = \mathbb{E}_X[a(X,u)a(X,v)] + o_p(1)$$

を用いると $n\mathcal{G}''_n(0)$ と $n\mathcal{T}''_n(0)$ の差は $n \to \infty$ のとき，0 に確率収束する．これより式 (4.28) が得られた．(証明終)

補題 23 正規確率過程について恒等式

$$\mathbb{E}_\xi[\langle \sqrt{t}\xi(u)\rangle] = \beta\mathbb{E}_\xi[V(\xi)]$$

が成り立つ．

(証明）定理 12 の証明の中で $\mathcal{G}'_n(0), \mathcal{G}''_n(0), \mathcal{T}'_n(0), \mathcal{T}''_n(0)$ を求めた。この結果から $\mathcal{G}'_n(0)$ と $\mathcal{G}'_{n-1}(0)$ の差，および $\mathcal{G}''_n(0)$ と $\mathcal{G}''_{n-1}(0)$ の差は，どちらも $1/n$ よりも小さなオーダーである。したがって式 (2.17) から

$$\mathbb{E}_{\xi_n}[\langle \sqrt{t}\xi_n(u) \rangle] = \beta \mathbb{E}_{\xi_n}[V(\xi_n)] + o(1)$$

が成り立つ。ここで $\xi_n(u) \to \xi(u)$ の極限をとればよい。（証明終）

（補題 23 の直接証明）上記の証明は汎化損失と経験損失のキュムラント母関数の間に成り立つ性質を用いたものであり間接的である。この補題はベイズ統計学にとって重要であるから，直接的な証明もしておこう。この注意の中では $\mathbb{E}_\xi[\ ] = \mathbb{E}[\ ]$ と略記する。正規確率過程 $\xi(u)$ を独立に $\mathcal{N}(0,1)$ に従う無限個の確率変数 $\{g_j\}$ を用いて

$$\xi(u) = \sum_{j=1}^{\infty} g_j \xi_j(u)$$

のように表現しよう。繰り込まれた事後分布 $\langle\ \rangle$ のサポートは $K(g(u)) = 0$ を満たす u の集合に含まれるから $u^k = 0$ であり

$$\mathbb{E}[\xi(u)\xi(v)] = \mathbb{E}_X[a(X,u)a(X,v)] = \sum_{j=1}^{\infty} \xi_j(u)\xi_j(v) \tag{4.29}$$

である。また正規分布 $\mathcal{N}(0,1)$ に従う確率変数の性質として任意の関数 $F(\ )$ について

$$\mathbb{E}[g_j F(g_j)] = \mathbb{E}\left[\frac{\partial}{\partial g_j} F(g_j)\right]$$

が成り立つ。表記を簡略化するために積分を行う操作 S を

$$S[\ ] = \int du^* \int_0^{\infty} dt\, t^{\lambda-1} \exp(-\beta t)[\ ]$$

と定める。

$$\mathbb{E}[\langle \sqrt{t}\xi(u) \rangle] = \mathbb{E}\left[\frac{S[\sqrt{t}\xi \exp(\beta\sqrt{t}\xi)]}{S[\exp(\beta\sqrt{t}\xi)]}\right]$$

$$= \sum_{j=1}^{\infty} \mathbb{E}\left[\frac{\partial}{\partial g_j}\left(\frac{S[\sqrt{t}\xi_j \exp(\beta\sqrt{t}\xi)]}{S[\exp(\beta\sqrt{t}\xi)]}\right)\right]$$

$$= \sum_{j=1}^{\infty} \beta\left\{\mathbb{E}\left[\frac{S[t\xi_j^2 \exp(\beta\sqrt{t}\xi)]}{S[\exp(\beta\sqrt{t}\xi)]}\right] - \mathbb{E}\left[\frac{S[\sqrt{t}\xi_j \exp(\beta\sqrt{t}\xi)]}{S[\exp(\beta\sqrt{t}\xi)]}\right]^2\right\}.$$

式 (4.29) より，最後の式は $\beta V(\xi)$ であるから，これより補題が直接証明できた．（証明終）

注意 43 汎化損失と経験損失のキュムラントの間に成り立つ関係は，正規確率過程に関する部分積分と等価であることがわかった．6 章で示すように，この関係は統計学でクロスバリデーションと呼ばれているものとも数学的に等価である．すなわち，ベイズ統計学では，クロスバリデーションは漸近的に尤度比関数についての関数空間上の部分積分を行うことと等価なのである．

定義 21 定数

$$2\nu = \mathbb{E}_\xi[\langle \sqrt{t}\xi(u)\rangle] = \beta\mathbb{E}_\xi[V(\xi)]$$

を**特異ゆらぎ**と呼ぶ．一般に ν は β の関数である．

定理 13 対数尤度比関数が相対的に有限な分散をもつとする．汎化損失と経験損失の平均値は，実対数閾値 λ と 特異ゆらぎ ν を用いて

$$\mathbb{E}[G_n] = L(w_0) + \frac{1}{n}\left(\frac{\lambda-\nu}{\beta} + \nu\right) + o\left(\frac{1}{n}\right),$$
$$\mathbb{E}[T_n] = L(w_0) + \frac{1}{n}\left(\frac{\lambda-\nu}{\beta} - \nu\right) + o\left(\frac{1}{n}\right).$$

（証明）定理 12 と補題 23 から証明された．（証明終）

定義 22 汎関数分散 $V(\xi_n)$ と漸近的に等価な確率変数

$$V_n = \sum_{i=1}^{n}\left\{\mathbb{E}_w[(\log p(X_i|w))^2] - \mathbb{E}_w[\log p(X_i|w)]^2\right\}$$

のことも**汎関数分散**と呼ぶ．

補題 24 $\beta\mathbb{E}[V_n] \to 2\nu$ である。

(証明) $\log p(X_i|w_0)$ はパラメータについては定数である。したがって

$$V_n = \sum_{i=1}^n \Big\{ \mathbb{E}_w[f(X_i,u)^2] - \mathbb{E}_w[f(X_i,u)]^2 \Big\}.$$

これが $V(\xi_n)$ と漸近的に等価であることは定理 12 の $\mathcal{T}_n''(0)$ についての証明で示した。(証明終)

定理 14 (ベイズ統計学の状態方程式) 対数尤度比関数が相対的に有限な分散をもつとする。真の分布, 確率モデル, 事前分布がなんであっても, 汎化損失 G_n, 経験損失 T_n, 汎関数分散 V_n の間につぎの関係が成り立つ。

$$\mathbb{E}[G_n] = \mathbb{E}\Big[T_n + \frac{\beta V_n}{n}\Big] + o\Big(\frac{1}{n}\Big). \tag{4.30}$$

この関係は, 真の分布が確率モデルで実現可能であってもなくても, 真の分布が確率モデルに対して正則であってもなくても成立する。

(証明) 定理 12, 定理 13 と汎関数分散の定義から直接得られる。(証明終)

注意 44 対数尤度比関数が相対的に有限な分散をもたない場合でも, 式 (4.30) は最後の微小項を $o(1/n^\alpha)$ に変更することで成立することを示すことができる。ここで α は考察している問題に依存する正の値である。

定義 23 この定理に基づいて**広く使える情報量規準** (widely applicable information criterion, **WAIC**) を

$$W_n = T_n + \frac{\beta V_n}{n} \tag{4.31}$$

と定義すると

$$\mathbb{E}[G_n] = \mathbb{E}[W_n] + o\Big(\frac{1}{n}\Big)$$

が成り立つ。実は, 6 章のクロスバリデーションの項で述べるように $\beta = 1$ のときには $\mathbb{E}[G_n]$ と $\mathbb{E}[W_n]$ の差は $1/n^2$ のオーダーである。

4.4 統計的推測の一般理論

定理 15 確率変数としては

$$\bigl(G_n - L(w_0)\bigr) + \bigl(W_n - L_n(w_0)\bigr) = \frac{\beta-1}{n}V_n + \frac{2\lambda}{n\beta} + o_p\!\left(\frac{1}{n}\right)$$

特に $\beta=1$ のときには $(G_n - L(w_0))$ と $(W_n - L_n(w_0))$ の分散は漸近的に同じである。

(証明) 定理 12 より直接得られる。(証明終)

例 17 入力と出力の組 $x=(x_1,x_2) \in \mathbb{R}^{N_1} \times \mathbb{R}^{N_2}$ を考える。パラメータを $w=(A,B)$ とする。ここで A と B はそれぞれ $N_1 \times H$ および $H \times N_2$ 行列である。確率モデルを

$$p(x|w) = q(x_1)\frac{1}{(2\pi\sigma^2)^{N_2/2}}\exp\!\left(-\frac{1}{2\sigma^2}\|x_2 - BAx_1\|^2\right)$$

とする。ここで $q(x_1)$ はパラメータを含まず，推測されない確率分布である。このモデルは x_1 から x_2 への真の回帰関数が x_1,x_2 の次元よりも小さなランクの線形写像である場合に，そのランクと写像とを推測する目的で使われることが多いので**縮小ランク回帰モデル**と呼ばれる。真の分布が確率モデルに含まれていて，真のパラメータは A_0 と B_0 とし，それらのランクが $\mathrm{rank}(B_0A_0)=H_0$ であるとしよう。実験ではつぎの場合を考察した。$N_1=N_2=6$，真のランクは $H_0=3$，推定に用いた逆温度は $\beta=1$，サンプル数 $n=1000$ 標準偏差 $\sigma=0.1$ とした。平均に用いたのは独立な 20 セットである。事前分布を

$$\varphi(A,B) \propto \exp(-2.0\cdot 10^{-5}(\|A\|^2 + \|B\|^2))$$

とした。候補となるランクとしては $H=1,2,..,6$ のモデルを考察する。表 4.1 において H は確率モデルのランクを，理論値は λ/n を，汎化誤差は実験による汎化誤差 $G_n - S$ の平均値を，WAIC は広く使える情報量規準 $W_n - S_n$ の平均値を示す。この実験では真の分布がわかっているので汎化誤差は真の分布とのカルバック・ライブラ情報量を数値的に算出した。理論値を計算するのに必要な対数閾値 λ は巻末の引用・参考文献 2) のものを用いた。縮小ランク回

120   4. 一 般 理 論

表 4.1 縮小ランク回帰モデルの実験例

H	理論値	汎化誤差	WAIC
1		1.6779	1.6686
2		0.8263	0.7972
3	0.0135	0.0126	0.0142
4	0.0150	0.0144	0.0153
5	0.0160	0.0156	0.0160
6	0.0170	0.0164	0.0166

帰については任意のケースの特異点解消が導出され実対数閾値が解明されている。$H=1,2$ において理論値がないのは，真の分布が $H_0=3$ だからである。

注意 45

(1) 広く使える情報量規準は，確率モデルとデータだけから計算することができるので，真の分布を知らなくても汎化損失と平均値が一致する値を求めることができる。これは統計的推測において，確率モデルや事前分布の良さが評価できることを意味する。

(2) 特異ゆらぎ ν も特異点の解消に依存しないので双有理不変量である。真の分布が確率モデルに対して正則であるときには $\lambda = d/2, \nu = \mathrm{tr}(IJ^{-1})/2$ である。さらに真の分布が確率モデルによって実現可能であれば $\lambda = \nu = d/2$ である。双有理不変量 ν は統計学において発見されたものである。

(3) サンプルが与えられ，確率モデルと事前分布の適切さを測るとき，「自由エネルギーが小さいほど適切である」という方法と「広く使える情報量規準が小さいほど適切である」という方法が考えられる。自由エネルギーの実質的な第 1 項である $\lambda \log n$ はサンプルによるゆらぎはないが，自由エネルギーは汎化損失そのものではない。一方 WAIC は汎化損失と同じ平均をもつが，実質的な第 1 項が確率的に揺れている。

(4) ここでは，対数尤度比関数が相対的に有限な分散をもつ場合を考察した。真の分布が確率モデルで実現可能でなく，かつ正則でない場合の中には，相対的に有限な分散をもたない場合も起こる。このとき，$(G_n - L(w_0))$，

$(T_n - L_n(w_0))$ の漸近挙動が $1/n$ のオーダーではなく,別のオーダー,例えば $1/n^{2/3}$ などに変わる[27]。しかしながら,状態方程式はそのような場合でも成立している。汎化損失と経験損失の間に,このような意味での頑健性をもつ法則がつくれるのはベイズ推測の特長である。

(5) ベイズ推測における事後分布は,考察している問題についてのすべての情報をもっていると考えられるが,事後確率最大化推測,最尤推測,平均プラグイン推測などにおいては,考察している問題の情報の一部を捨てている。このため,事後分布が正規分布で近似できないときには,汎化損失と経験損失の間に一般性をもつ法則はつくれない可能性がある。確率モデルと事前分布の妥当性について真の分布を知らなくても評価することができるという点が,ベイズ推測の大きな長所の一つではないかと考えられる。

4.5 相　転　移

まず相転移の定義を述べよう。

定義 24 確率モデル $p(x|w)$ と事前分布 $\varphi(w)$ が,パラメータ w とは別のパラメータ θ を含むとき,すなわち,$p(x|w,\theta)$,あるいは $\varphi(w|\theta)$ であるとき,事後分布も $p(w|X^n,\theta)$ のように書ける。このようなパラメータを**ハイパーパラメータ**という。事後分布の $n \to \infty$ におけるサポートが θ の変化に伴って大きく変わるとき**相転移**があるという。相転移が生じる $\theta = \theta_c$ を**相転移点**という。自由エネルギー $F_n(\beta,\theta)$ は通常では θ のなめらかな関数であるが,相転移点では不連続になったり微分が不連続になったりすることが多い。前者を**一次転移**といい後者を**二次転移**という。

例 18 統計的推測における相転移の例をあげる。ここでは $w = (x,y)$ と書く。サンプルゆらぎを省略して,自由エネルギーが

$$F_n(1,\theta) = -\log \int_0^1 dx \int_0^1 dy \, \exp(-nx^2 y^\theta)$$

と書ける場合を考えよう。$K(x,y) = x^2 y^\theta \ (\theta > 0)$ とおく。関数は非負 $K(x,y) \geq 0$ であり，これが 0 になるのは集合 $\{(x,y) \, ; \, xy = 0\}$ である。これはつぎのように書くことができる。

$$F_n(1,\theta) = -\log \int_0^n \frac{dt}{n} \int_0^1 dx \int_0^1 dy \, \exp(-t) \, \delta\!\left(\frac{t}{n} - K(x,y)\right).$$

定理 8 に基づいて例 16 と同じように状態密度を調べよう。多重指数は $k = (2, \theta)$, $h = (0, 0)$ である。ゼータ関数は

$$\zeta(z) = \int_0^1 dx \int_0^1 dy (x^2 y^\theta)^z = \frac{1}{(2z+1)(\theta z + 1)}$$

である。状態密度関数は定理 8 より

$$\delta(t - K(x,y)) \cong \begin{cases} \dfrac{1}{2} t^{-1/2} \delta(x) y^{-\theta/2} & (\theta < 2) \\ \dfrac{1}{4} t^{-1/2} (-\log t) \delta(x) \delta(y) & (\theta = 2) \\ \dfrac{1}{\theta} t^{1/\theta - 1} x^{-2/\theta} \delta(y) & (\theta > 2) \end{cases}$$

であるから極限の積分因子は $\theta = 2$ において，$\delta(x)$ から $\delta(y)$ へとサポートを変える。したがって $\theta = 2$ が相転移点である。事後分布の広がりが $\theta = 2$ で大きく変化する。自由エネルギーは

$$F_n(1,\theta) \cong \begin{cases} \dfrac{1}{2} \log n + O(1) & (\theta < 2) \\ \dfrac{1}{2} \log n - \log \log n + O(1) & (\theta = 2) \\ \dfrac{1}{\theta} \log n + O(1) & (\theta > 2) \end{cases}$$

であるから，$\theta = 2$ では自由エネルギーの $\log n$ の係数は連続であるが微分可能ではない。

注意 46 相転移を調べるときには自由エネルギーの挙動を考える。ベイズ統計学においては，以下のどれか一つを考えることは他のすべてを考えることと数理的には同じである。

① 自由エネルギー　② 分配関数　③ 事後微小積分
④ 状態密度　⑤ ゼータ関数　⑥ 事後分布

このため，自由エネルギーの値を調べることで事後分布の広がりやその変化についても明らかになるのである。

例 19 つぎに事前分布がハイパーパラメータをもつ場合を考えてみよう。$w = (x, y)$, $x \in \mathbb{R}^1$, $y \in \mathbb{R}^M$ とする。

$$F_n(1, \theta) = -\log \int_0^1 dx \int_{\|y\|<1} dy \, \exp(-nx^2 \|y\|^2) x^{\theta-1}.$$

このときゼータ関数は

$$\zeta(z) = \int_0^1 dx \int_{\|y\|<1} dy \, x^{2z+\theta-1} \|y\|^{2z}$$

である。M 次元の一般角を ψ で表し，半径 $r = \|y\|$ と書いて，$y = r\psi$ の変数変換を用いると $dy = r^{M-1} dr d\psi$ だから

$$\zeta(z) = \int_0^1 dx \int_0^1 dr \int d\psi \, x^{2z+\theta-1} \, r^{2z+M-1}$$
$$= \frac{1}{(2z+\theta)(2z+M)} \left(\int d\psi \right)$$

である。これより $\Psi = \int d\psi$ とおくと状態密度関数は

$$\delta(t - x^2 \|y\|^2) x^{\theta-1} \cong \begin{cases} \dfrac{1}{2} \Psi t^{\theta/2-1} \delta(x) r^{M-\theta-1} & (\theta < M) \\ \dfrac{1}{2} \Psi t^{M/2-1} x^{\theta-M-1} \delta(y) & (\theta > M) \end{cases}$$

であるから極限の微小積分は $\theta = M$ において，$\delta(x)$ から $\delta(y)$ へとサポートを変える。したがって $\theta = M$ が相転移点である。事後分布の広がりが $\theta = M$ で大きく変化する。自由エネルギーは

$$F_n(1, \theta) \cong \begin{cases} \dfrac{\theta}{2} \log n + O(1) & (\theta < M) \\ \dfrac{M}{2} \log n + O(1) & (\theta > M) \end{cases}$$

であるから，$\theta = M$ では自由エネルギーの $\log n$ の係数は連続であるが微分可能ではない。

注意 47

(1) ここでは自由エネルギーが計算できる場合について例をあげたが，一般的なモデルでは自由エネルギーが解析的に計算できるとはかぎらないので，「相転移があるかどうか」「相転移点の位置はどこであるか」などの問題を考えることは数学的には容易ではない。相転移がある場合にはその前後では事後分布の実質的なサポートが大きく変化し，統計的推測の結果に重大な影響を及ぼすので，確率モデルの相転移構造を明らかにしていくことは，未来への重要な課題になると思われる。

(2) ハイパーパラメータの最適化は，しばしば自由エネルギーを最小にすることによって行われる。得られたハイパーパラメータが相転移点のどちら側にあるのかには注意が必要である。なお，相転移点付近では事後分布の広がりが大きく，推測結果が不安定になるので，相転移点付近は，安定した推測には適していないと思われる。

(3) 例 19 は混合正規分布の混合比についての事前分布にディリクレ分布を用いたときに生じるケースである。混合正規分布を用いて統計的推測を行う場合，真の分布に対して確率モデルの規模が大き過ぎると，不要なコンポーネントの混合比が 0 になる場合と，コンポーネント同士が重なることのいずれかが起こる。このうちのどちらが生じやすいかを定めているのがディリクレ分布のハイパーパラメータである。なお，真の分布に対して確率モデルの規模が大き過ぎない場合でも，ハイパーパラメータは同じように推測結果に影響を及ぼすことが多い。

(4) 5 章で述べるように，自由エネルギーが計算できないとき，平均場近似によって事後分布を近似実現することができる場合がある。平均場近似によって相転移の挙動は，おおそ解析できることが多いが，平均場近似では実際には存在しない相転移が現れたり，相転移点がずれることが

あることが知られている。

4.6 事後確率最大化法

事後分布が正規分布で近似できないときにベイズ推測以外の方法の精度を調べてみよう。

4.6.1 平均プラグイン法

まず平均プラグイン法について考えよう。一般に $K(w)=0$ を満たすパラメータの集合は局在していないだけでなく，凸集合ではない。このため，事後分布で平均したパラメータは，一般的には $K(w)=0$ を満たす集合には近づいていかない。これより，ある定数 $C>0$ が存在して

$$L(\mathbb{E}_w[w]) = nL(w_0) + nC + O_p(1)$$

となる。事後分布が正規分布で近似できない場合で，最適なパラメータの集合が凸集合でないときには，平均プラグイン法は統計的推測には適していないので注意が必要である。

4.6.2 事後確率最大化法

前章までと同じように，関数

$$\mathcal{L}(w) = -\frac{1}{n}\sum_{i=1}^{n}\log p(X_i|w) - \frac{1}{n\beta}\log\varphi(w)$$

を最小にするパラメータを $\hat{w}$ と書く。$\beta=1$ のとき $\hat{w}$ は事後確率最大化推定量であり $\beta=\infty$ のとき最尤推定量である。また $p(x|\hat{w})$ を推測結果とするとき，$\beta=1$ ならば事後確率最大化推定法といい，$\beta=\infty$ ならば最尤推定法という。それぞれの方法の汎化損失と経験損失は

$$L(\hat{w}), \quad L_n(\hat{w})$$

と定義される。事後分布が正規分布で近似できない場合のこれらの値の挙動を考察しよう。特異点解消定理を用いて対数尤度比関数を標準形に直すと

$$nK_n(g(u)) = nu^{2k} - \sqrt{n}u^k \xi_n(u)$$

と書くことができる。パラメータ u は局所座標が $[0,1]^d$ で表される多様体上の点である。ここで

$$u^{2k} = u_1^{2k_1} u_2^{2k_2} \cdots u_r^{2k_r}$$

である。ただしこの節では r は $k_1, k_2, ..., k_r > 0$ を満たすようにとる。すなわち $k_j = 0$ となる j については含めないで考える。$1 \leqq r \leqq d$ である。座標の番号 a $(1 \leqq a \leqq r)$ を

$$\frac{u_a^2}{k_a} \leqq \frac{u_i^2}{k_i} \qquad (i=1,2,...,r) \tag{4.32}$$

を満たすものとして定める。直感的には a は点 u から最も離れた軸の番号だと考えてよい(u_a が小さいほうが軸は離れている)。式 (4.32) を満たす a が二つ以上あるときは座標番号の小さいものとする。写像

$$[0,1]^d \ni u \to (t,v) \qquad (t \in \mathbb{R}^1, \quad v = (v_1, v_2, ..., v_d) \in \mathbb{R}^d)$$

をつぎのように定める。

$$t = u^{2k}, \qquad v_i = \begin{cases} \sqrt{u_i^2 - \dfrac{k_i}{k_a}u_a^2} & (1 \leq i \leq r) \\ u_i & (r < i \leq d) \end{cases}.$$

定義から $v_a = 0$ である。したがって集合 V を

$$V \equiv \{v = (v_1, v_2, ..., v_d) \in [0,1]^d \,;\, v_1 v_2 \cdots v_r = 0\}$$

と定義すると v は V に含まれている。また $[0,1]^d \ni u \mapsto (t,v) \in T \times V$ は 1 対 1 であるので,座標として u の代わりに (t,v) を用いることにする。

補題 25 ある定数 $C > 0$ が存在して連続微分可能な関数 $f(t,v)$ と任意の (t,v) について

$$|f(t,v) - f(0,v)| \leq C\, t^{1/(2|k|)} |\nabla f| \qquad (0 \leq t < 1)$$

が成り立つ。ここで $2|k| = 2(k_1 + \cdots + k_r)$ であり

$$|\nabla f| = \sup_{u \in [0,1]^d} \max_{1 \leq j \leq d} \left| \frac{\partial f}{\partial u_j}(u) \right|$$

とおいた。

(証明) $u = (t,v),\ u' = (0,v)$ とおく。

$$\begin{aligned}
|f(t,v) - f(0,v)| = |f(u) - f(u')| &\leq \|u - u'\| \, |\nabla f| \\
&\leq \sqrt{r} \max_j |u_j - u'_j| \, |\nabla f| \\
&\leq C |u^{2k}|^{1/(2|k|)} \, |\nabla f|
\end{aligned}$$

である。ここで最後の不等式の導出はつぎのように行った。もしも $j = a$ ならば $|u_j - u'_j| = u_a$ である。もしも $j \neq a$ ならば $u_a^2/k_a \leq u_j^2/k_j$ であるから

$$|u_j - u'_j| = \left| u_j - \left(u_j^2 - \frac{k_j}{k_a} u_a^2 \right)^{1/2} \right| = \frac{\dfrac{k_j}{k_a} u_a^2}{u_j + \left(u_j^2 - \dfrac{k_j}{k_a} u_a^2 \right)^{1/2}}$$

$$\leq \sqrt{\frac{k_j}{k_a}}\, u_a.$$

また定数 C' が存在して

$$(u_a)^{2|k|} \leq C'\, u^{2k}$$

である。以上のことをつなぐとよい。(証明終)

この座標 (t,v) を用いることにより、最小化する関数は

$$\mathcal{L}(t,v) = t - \sqrt{\frac{t}{n}}\, \xi_n(t,v) - \frac{1}{n} \log \varphi(t,v) + L_n(w_0) \tag{4.33}$$

である。また
$$L(t,v) = L(w_0) + t, \qquad L_n(t,v) = L_n(w_0) + t - \sqrt{\frac{t}{n}}\,\xi_n(t,v).$$

定理 16 対数尤度比関数が相対的に有限な分散をもつとする。$K(g(u)) = 0$ を満たすパラメータの集合の中でつぎの { } の値を最大にするパラメータを $\hat{u}$ とする。すなわち

$$\hat{u} = \arg\max_{K(g(u))=0}\left\{\frac{1}{4}\max\{0,\xi_n(u)\}^2 + \log\varphi(g(u))\right\}. \tag{4.34}$$

このとき事後確率最大化法と最尤推測法（$\varphi(g(u)) \equiv 1$ に相当する）において汎化損失と経験損失はつぎの挙動をもつ。

$$L(g(\hat{u})) = L(w_0) + \frac{1}{4n}\max\{0,\xi_n(\hat{u})\}^2 + o_p\!\left(\frac{1}{n}\right),$$
$$L_n(g(\hat{u})) = L_n(w_0) - \frac{1}{4n}\max\{0,\xi_n(\hat{u})\}^2 + o_p\!\left(\frac{1}{n}\right).$$

なお $\hat{u}$ がユニークでないときには，その中の任意の一つを用いてよい。

（証明）パラメータを標準形に書き直してパラメータの集合を $\mathcal{M}$ とする。局所座標は $[0,1]^d$ の形で与えることができる。したがって $t \geqq 0$。以下の証明では，補題 25 の $f(t,v)$ に $\xi_n(t,v)$ を代入して $t \to 0$ のとき

$$\xi_n(t,v) - \xi_n(0,v) = o_p(1)$$

が成り立つことを使う。また，表記を簡単にするため $\psi(u) = -\log\varphi(g(u))$ を用いる。最小化される関数（式 (4.33)）を平方完成すると

$$\mathcal{L}(t,v) = \left(\sqrt{t} - \frac{\xi_n(t,v)}{2\sqrt{n}}\right)^2 - \frac{\xi_n(t,v)^2}{4n} + \frac{\psi(t,v)}{n} + L_n(w_0) \tag{4.35}$$

である。この式を最小にする (t,v) において $\xi_n(t,v)$ の正負について場合分けして考える。まず，$\xi_n(t,v) \leqq 0$ のときには上式の $(\ )^2$ の中の値は非負であるから，$\mathcal{L}(t,v)$ の $1/n$ よりも大きなオーダーの部分が最小化されるためには，定数以下のオーダーの値 t^* が存在して

$$\sqrt{t} = \frac{t^*}{\sqrt{n}}$$

でなくてはならない。これを式 (4.35) に代入すると

$$\mathcal{L}(t,v) = \frac{1}{n}\left(\left(t^* - \frac{\xi_n(0,v)}{2}\right)^2 - \frac{\xi_n(0,v)^2}{4} + \psi(0,v)\right) + L_n(w_0) + o_p\left(\frac{1}{n}\right)$$

である。この式の $1/n$ オーダーの項が最小になるのは $t^* = o_p(1)$ で

$$\hat{v} = \mathrm{argmin}_v \psi(0,v)$$

のときである。このとき $t = o_p(1/n)$ であるから W_0 の任意のパラメータを w_0 として

$$L(\hat{w}) = L(w_0) + o_p\left(\frac{1}{n}\right), \qquad L_n(\hat{w}) = L_n(w_0) + o_p\left(\frac{1}{n}\right)$$

である。つぎに $\xi_n(t,v) > 0$ のときには式 (4.35) の $1/n$ よりも大きなオーダーの部分が最小化されるためには，定数オーダー以下の値 t^* が存在して

$$\sqrt{t} = \frac{1}{2\sqrt{n}}(\xi_n(t,v) + t^*) = \frac{1}{2\sqrt{n}}(\xi_n(0,v) + t^*) + o_p\left(\frac{1}{\sqrt{n}}\right)$$

でなくてはならない。これを式 (4.35) に代入すると

$$\mathcal{L}(t,v) = \frac{(t^*)^2}{n} - \frac{\xi_n(0,v)^2}{4n} + \frac{\psi(0,v)}{n} + L_n(w_0) + o_p\left(\frac{1}{n}\right) \qquad (4.36)$$

この関数の $1/n$ のオーダーが最小になるのは $t^* = o_p(1)$ で

$$\hat{v} = \mathrm{argmin}_v(-\xi_n(0,v)^2 + 4\psi(0,v))$$

のときである。このとき

$$L(\hat{w}) = L(w_0) + \frac{1}{4n}\xi_n(0,\hat{v})^2 + o_p\left(\frac{1}{n}\right),$$
$$L_n(\hat{w}) = L_n(w_0) - \frac{1}{4n}\xi_n(0,\hat{v})^2 + o_p\left(\frac{1}{n}\right)$$

である。以上をまとめると定理を得る。(証明終)。

この定理からつぎの定理が得られる。

定理 17 対数尤度比関数が相対的に有限な分散をもつとする。事後確率最大化法あるいは最尤推定法において，ある定数 $\mu > 0$ が存在して

$$\mathbb{E}[L(\hat{w})] = L(w_0) + \frac{\mu}{n} + o\left(\frac{1}{n}\right), \qquad \mathbb{E}[L_n(\hat{w})] = L_n(w_0) - \frac{\mu}{n} + o\left(\frac{1}{n}\right).$$

なお，定数 μ は，事後確率最大化法と最尤推定法では一般に異なる。また，事前分布に依存する。

(証明) 法則収束 $\xi_n(u) \to \xi(u)$ と前の定理および式 (8.7) から証明される。(証明終)

注意 48

(1) まず最尤推測の場合を考えてみよう。式 (4.34) において $\varphi(g(u))$ が一定の場合に相当するから，定数 μ は正規確率過程の最大値の平均値である。通常の確率モデルにおいては，この値は $d/2$ よりも大きな値になる。本書ではパラメータの集合をコンパクトであると仮定しているが，もしも $K(w) = 0$ を満たす集合がコンパクトでないと正規確率過程の最大値は発散することが普通である。このとき上記の定理は成り立たない。どちらの場合も，最尤推測は一般の確率モデルにおいては，経験損失は小さくなるが汎化損失は大きくなるので，汎化損失を小さくするという目的においては適していない。

(2) つぎに事後確率最大化について考える。式 (4.34) を見ると明らかなとおり，事前分布が汎化誤差に及ぼす影響は，正規確率過程の最大値との比較のうえで定まっている。パラメータに対して大きく変化する事前分布を用いると，パラメータの動ける範囲が限定されるため，漸近的な意味での汎化誤差は小さくなるが，事前分布の変化を大きくすると推定量が受ける影響は必ずしも小さくないことに注意する必要がある。なお，上記では事後確率最大化法を行うとき，確率モデル $p(x|w)$，事前分布 $\varphi(w)$ についてのものを考えたが，これは確率モデル $p(x|g(u))$，事前分布 $\varphi(g(u))|g'(u)|$ についてのものと一般には等価ではない。すなわち，

事後確率最大化法は，パラメータの変換に対して不変ではない．

注意 49 事後確率最大化推定量や最尤推定量を探すとき，最急降下法などの繰返しアルゴリズムが用いられることがある．パラメータについて $u=(t,v)$ と書いたとき，最急降下法では，t の部分は急速に最適値に近づくが，v の部分はなかなか最適値に近づかないことが普通である．これは v についての最適化は，正規確率過程についての最大値を探しているからである．一般に t についての最適化は汎化損失を小さくするが，v についての最適化は汎化損失を大きくする．このため，最急降下法を行うとき，経験損失は単調に小さくなるが，汎化損失は途中から大きくなるという現象が起きる．これを**過学習**という．

注意 50 一般に，逆温度 β のベイズ推測における汎化損失の理論値は，$\beta \to \infty$ の極限をとっても，最尤推定の汎化損失の理論値には近づかない．これは，ベイズ事後分布の実質的なサポートは，$K(w)=0$ を満たす集合の中の一部であるのに対して，最尤推定では $K(w)=0$ を満たすすべての点で正規確率過程の最大値が必要であるからである．$n \to \infty$ と $\beta \to \infty$ の極限をとる順番は，事後分布が正規分布で近似できるときには交換するが，そうでないときには一般には交換しない．

4.7 質問と回答

質問 7 4 章では多様体・代数幾何・確率過程などの数学的な概念が出てきますが，統計学は実世界と人間が対峙することを第一義とする学問であるにもかかわらず理論的な研究をしてもよいのでしょうか．

回答 7 4 章で述べたことは，まさしく実世界と対峙するために重要なものです．第一に，真の分布が不明であって，私たちが用いている確率モデルと事前分布が適切かどうかわからないという状況において自由エネルギーや汎化損失の挙動を知ることができます．真の分布がわからないという状況に置かれた人にとっ

て強力な基盤です。第二に，この理論によってベイズ推測と他の推測法の精度の違いが明らかになりました。事後分布が正規分布で近似できる場合だけを考えていてはベイズ推測の有効性を知ることはできません。第三に，6 章で述べることですが，この理論によってベイズ推測において根拠が不明ながら用いられてきた偏差情報量規準（DIC）が実は正しくなかったことが解明されました。理論がつくられたことで慣習的に用いられてきた方法の間違いがわかったのです。第四に，実対数閾値や特異ゆらぎの値が理論的に解明されていると，事後分布を数値的に実現したときに，その実現アルゴリズムが事後分布をよく近似しているといえるかどうかを確認することができます。

質問 8 通常の問題で統計的推測を行う際には，事後分布が正規分布で近似できる場合だけを知っておけば十分ではないでしょうか。

回答 8 1 章の例 2 で述べた確率モデル

$$p(x|a,b) = (1-a)\mathcal{N}(x) + a\mathcal{N}(x-b)$$

において，真の分布が $p(x|a_0, b_0)$ である場合を考えてみましょう。このとき，確率モデルに対して真の分布が正則でないための必要十分条件は

$$a_0 b_0 = 0$$

です。この条件を満たすパラメータの集合は 2 次元ユークリッド空間 $\mathbb{R}^2$ の中で面積が 0 です。このことを「集合 $\{(a_0, b_0) ; a_0 b_0 = 0\}$ は測度 0 である」あるいは「確率 0 である」という言葉で表現します。さて，統計学を学び始めた人が，ときどきつぎのように考える場合があります。「たまたま真のパラメータが正則でない場所にある確率は 0 になるので，そのような特殊な場合は考えなくてもよい。通常の場合（generic case）では正則であると考えてよいから，事後分布が正規分布で近似できる場合だけあれば統計学としては十分である」。しかしながら，この考え方は正しくありません。統計学において，観測されたサンプルに対する確率モデルと事前分布の妥当性の判断が必要になることは非常にし

ばしば生じます．その場合には，候補となる確率モデルや事前分布の複数セットを準備して，与えられたサンプルに対して複雑過ぎるのではないか，シンプル過ぎるのではないか，という問題を考えます．統計的モデル選択，ハイパーパラメータの最適化，統計的検定と呼ばれるプロセスはすべてこのような問題を対象としています．このとき，例2のようなモデルでは，いろいろな複雑さのモデルを比較するわけですから，その中には複雑過ぎるモデルも含まれており，事後分布が正規分布で近似できない場合も考えなくてはなりません．すなわち，本当に通常の場合（true generic case）では，4章の理論が必要であり，3章の理論だけで足りると考えるのは表面的に通常の場合（superficial generic case）に相当します．

質問 9 4章で「相転移」について説明がなされていますが，これは統計力学における相転移と同じ概念であると考えてよいでしょうか．

回答 9 基本的には同じ概念です．統計力学ではつぎのような相転移が現れます．ミクロな物理変数 $x_1, x_2, ..., x_n, ..$, の確率分布でコントロール変数 θ によって定まるもの

$$p(x_1, x_2, .., x_n|\theta) = \frac{1}{Z} \exp(-H(x_1, x_2, ..., x_n, \theta))$$

を考えましょう．これは $\mathbb{R}^n$ 上の確率分布です．$n \to \infty$ の極限（熱力学極限）を考えると形式的には $\mathbb{R}^\infty$ の空間上の確率分布になっていきますが，この確率分布のサポート（確率分布が0でない集合のこと）は $\mathbb{R}^\infty$ 全体ではなくて，その中のとても小さな一部分 $W(\theta) \subset \mathbb{R}^\infty$ になることが多いのです．空間 $\mathbb{R}^\infty$ はたいへんに大きな空間で，例えば，原点と $(1,1,1,...,1,...)$ の距離は無限大であることに注意してください．変数 θ を変化させたとき，$W(\theta)$ は変化しないか，あるいは連続に変化することが普通ですが，ある点 $\theta = \theta_c$ の前後で，$W(\theta)$ が無限に遠く離れた場所から場所へと移動することがあります．この点が相転移点です．相転移点の前後では $x_1, x_2, ..., x_n, ...$ の取り得る値がいっせいに不連続に変化することが普通です．相転移があると自由エネルギーの解析

性が失われることが多いのですが,自由エネルギーの解析性が失われたから相転移が起こるのではなく,相転移が生じた($W(\theta)$ が無限の距離を移動した)から自由エネルギーの解析性が失われたのです.(自然現象としては自由エネルギーが小さくなるように $W(\theta)$ が無限の距離を自然に移動するので,どちらがどちらの原因と結果ということではなく自然とはそのようなものです).相転移の前後では,一方の確率分布から他方の確率分布は無限に離れていて見えません.なお,無限個の変数から計算される有限個の変数で確率分布がパラメトライズできるとき,その有限個の変数をオーダー・パラメータといいます.相転移があるときには,有限次元のオーダー・パラメータの上の確率分布が解析性を失う変化をもつことがあります.統計学における事後分布は,無限個に近づくサンプルから定まるオーダー・パラメータの分布だと考えると対応しています.

章 末 問 題

【1】 3章の章末問題で考察した**ギブス推測**の汎化損失と経験損失

$$-\mathbb{E}_w[\,\mathbb{E}_X[\,\log p(X|w)\,]\,], \quad -\mathbb{E}_w\left[\,\frac{1}{n}\sum_{i=1}^{n}\log p(X_i|w)\,\right]$$

について,事後分布が正規分布で近似できない一般の場合の理論をつくれ.定理12の証明で述べたことを利用してよい.

【2】 確率モデルに対して真の分布が正則であるときには $\lambda = d/2$ かつ $m = 1$ であることを示せ.

【3】 確率モデルとして回帰問題 $y \in \mathbb{R}^1$ および $x \in \mathbb{R}^N$ で

$$p(y|x,a,b) = \frac{1}{\sqrt{2\pi\sigma^2}}\exp\left(-\frac{1}{2\sigma^2}(y-a(b\cdot x))^2\right),$$
$$q(y|x) = \frac{1}{\sqrt{2\pi}}\exp\left(-\frac{1}{2}y^2\right)$$

を考える.ここでパラメータは $a \in \mathbb{R}^1$ および $b \in \mathbb{R}^N$ で $|a|, \|b\| < 10$ とする.また事前分布は θ をハイパーパラメータとして

$$\varphi(w|\theta) = C(\theta)a^{\theta-1}$$

とする.このモデルの θ についての相転移構造を調べよ.

5
事後分布の実現

この章では事後分布の実現法について述べる。ベイズ推測を行う場合には事後分布を実現する必要があるが,一般に事後分布の積分を解析的に行うことはできないことが多く数値的な実現法が必要になる。ここでは,マルコフ連鎖モンテカルロ法と平均場近似法について考えてみよう。

5.1 マルコフ連鎖モンテカルロ法

確率モデル $p(x|w)$ ($x \in \mathbb{R}^N$, $w \in W \subset \mathbb{R}^d$) と事前分布 $\varphi(w)$ が与えられたとき集合 W 上の関数 $H(w)$ をつぎのように定義しよう。

$$H(w) = -\sum_{i=1}^n \log p(X_i|w) - \frac{1}{\beta}\log \varphi(w).$$

このとき事後分布は

$$p(w) = \frac{1}{Z_n(\beta)}\varphi(w)\prod_{i=1}^n p(X_i|w)^\beta = \frac{1}{Z_n(\beta)}\exp(-\beta H(w))$$

と書ける。ベイズ推測を行うためにはこの確率分布を用いて平均値を計算することが必要になる。

注意 51

(1) もしも $d=1$ であれば関数 $f(w)$ の平均値を計算するために十分大きな K を用いて

$$\int_0^1 f(w)p(w)dw \approx \frac{1}{K}\sum_{k=1}^K f\left(\frac{k}{K}\right)p\left(\frac{k}{K}\right) \tag{5.1}$$

のように計算することができる。この方法は $d = 2, 3$ 程度までであれば実行可能であり，原理的には d の次元が大きくなっても適用できるのであるが，その計算に必要な和の個数は1次元当り K 個とすると K^d 個の和の計算になるため，高次元における計算は著しく困難になる。

(2) 一般的に関数 $H(w)$ は与えられるものの，分配関数 $Z_n(\beta)$ の値はわからないことが多い。むしろ，分配関数の値を知ることは大きな目標の一つである。したがって確率分布 $p(w)$ が与えられていると考えることは正確には正しくない。関数 $H(w)$ が与えられているのである。

高次元の平均を計算するために，数値的な近似

$$\int f(w)p(w)dw \approx \frac{1}{K}\sum_{k=1}^{K} f(w_k) \tag{5.2}$$

が成り立ち，$K \to \infty$ において，右辺の和が左の平均値に収束するような $\{w_k\}_{k=1}^{K}$ を生成することを考えよう。

数列 $\{w_1, w_2, w_3, ...\}$ がある条件付き確率 $p(w_{k+1}|w_k)$ に従って生成されているとする。このような確率過程のことを**マルコフ過程**という。つぎの二つの条件が満たされていれば，十分に大きく K をとることで，近似式 (5.2) が成立することが知られている。

(i) **詳細釣合い条件**が成り立つ。すなわち，任意の $w_a, w_b \in W$ について

$$p(w_b|w_a)p(w_a) = p(w_a|w_b)p(w_b).$$

(ii) 集合 W の任意の要素 w の近傍に到達する確率が0ではない。

与えられた確率分布 $p(w)$ に対して上記の条件を満たすようなマルコフ過程は，ユニークではなく，いくつかの方法が提案されている。マルコフ過程を用いて $\{w_k\}_{k=1}^{K}$ を得る方法をマルコフ連鎖モンテカルロ法（MCMC法）という。なお，(i), (ii) は式 (5.2) が成立するための十分条件であり，必要条件ではない。

5.1.1 メトロポリス法

まずメトロポリス法について説明しよう。メトロポリスはこの方法を考えた人の名前である。

メトロポリス法 集合 $\{w(t) \in \mathbb{R}^d \; ; \; t = 1, 2, 3, ...\}$ をつぎの手続きに従って得る。

1) 初期値 $w(1)$ を決めて $t = 1$ とする。
2) 得られている $w(t)$ から w' を条件付き確率 $r(w'|w(t))$ に従って生成する。ここで $r(w'|w(t))$ は, 対称性「任意の w_1, w_2 について $r(w_1|w_2) = r(w_2|w_1)$」を満たすものであればよい。
3) $\varDelta H \equiv H(w') - H(w(t))$ とおいて確率 $P = \min\{1, \exp(-\beta \varDelta H)\}$ で $w(t+1) = w'$ とし, 確率 $1 - P$ で $w(t+1) = w(t)$ とする。
4) $t := t + 1$ とおいて 2) に戻る。これを繰り返す。

定理 18 メトロポリス法は詳細釣合いの関係を満たしている。

(証明) メトロポリス法において $w(t)$ が与えられたとき $w(t+1)$ の条件付き確率を $p(w(t+1)|w(t))$ と書く。この条件付き確率について

$$p(w_a|w_b) \exp(-\beta H(w_b)) = p(w_b|w_a) \exp(-\beta H(w_a)) \tag{5.3}$$

を示せばよい。$w(t)$ が与えられたとき, $w(t)$ から w' が生成され, かつ $w(t+1) = w'$ となる条件付き確率は

$$r(w'|w(t)) \min\{1, \exp(-\beta H(w') + \beta H(w(t)))\}$$

である。これを w' について積分すると「位置 $w(t)$ にいるときに新しい場所が選択される確率 $Q(w(t))$」が求まる。

$$Q(w(t)) = \int r(w'|w(t)) \min\{1, \exp(-\beta H(w') + \beta H(w(t)))\} dw'.$$

これより, 元の場所 $w(t)$ にとどまる確率は $1 - Q(w(t))$ であるから

$$p(w_a|w_b) = r(w_a|w_b)\min\{1, \exp(-\beta H(w_a) + \beta H(w_b))\}$$
$$+ \delta(w_a - w_b)(1 - Q(w_b))$$

である。これより $r(w_a|w_b) = r(w_b|w_a)$ を用いて

$$p(w_a|w_b)\exp(-\beta H(w_b)) = r(w_a|w_b)\min\{\exp(-\beta H(w_b), \exp(-\beta H(w_a))\}$$
$$+ \delta(w_a - w_b)(1 - Q(w_b))\exp(-H(w_b))$$
$$= r(w_b|w_a)\min\{\exp(-\beta H(w_b), \exp(-\beta H(w_a))\}$$
$$+ \delta(w_b - w_a)(1 - Q(w_a))\exp(-\beta H(w_a))$$
$$= p(w_b|w_a)\exp(-\beta H(w_a)).$$

したがって詳細釣合いが成り立つことが示された。(証明終)

注意 52 手続き 2) のところで，$r(w'|w) = r(w|w')$ を仮定したが，この仮定が成り立たない場合には手続き 3) をつぎのように改良すればよい。「確率

$$P = \min\left\{1, \frac{r(w(t)|w')\exp(-\beta H(w'))}{r(w'|w(t))\exp(-\beta H(w(t)))}\right\}$$

で $w(t+1) = w'$ を選ぶ」この方法で詳細釣合い条件が満たされることは同様に証明できる。また，上記のアルゴリズムは，この特別な場合である。

注意 53 メトロポリス法についての注意をまとめる。以下はメトロポリス法だけでなくマルコフ連鎖モンテカルロ法の全般にかかわるものである。

(1) アルゴリズムの開始からしばらくの間は，初期値の影響があるので目的とする分布からのサンプリングと考えることができない。初期値の影響が消えるまでの期間のことをバーンインという。この期間のサンプリングは分布の近似には用いられない。

(2) バーンインがどの程度の回数必要であるか，またバーンインを過ぎてからどの程度の回数を繰り返す必要があるのか，という問題は重要であるが難しい問題である。特に後述の (5)，(6) の問題があるときには，場合によってはいくら回数を増やしても問題が解決しないことがある。関数

$H(w)$ の値がゆらぎ以外の変動をもたないことを確認するのが通常の方法であるが，ある規準をもってそれ以上の回数を行えば大丈夫という回数は $H(w)$ に依存する。

(3) 最終的に得られる $\{w_k\}$ の個数を可能であるならば少なくしたい。$w(t)$ と $w(t+k)$ は k の値が小さいとき相関が強く，保持している情報が重なるので効率がよくない。そこである程度以上の間隔を置いてサンプリングすることで $\{w_k\}$ を得る。

(4) 確率分布 $r(w'|w(t))$ として，例えば正規分布を使う場合を考えよう。もしも正規分布の分散が大きく w' が $w(t)$ から大きく離れると確率 P が小さくなることが多く，新しい場所に移動しにくくなる。反対に正規分布の分散が小さく w' が $w(t)$ の近くにあると確率 P は比較的大きな値になるので，新しい場所に移動しやすくなるが，1 回のステップで移動できる距離は小さい。$r(w'|w(t))$ の分散の大きさをどのようにするのが最適であるのかという問題については現在のところ解明されていない。確率 P が 0.5 となるように分散を決めるのがよいのではないかという意見もあるが，本当にそうであるかどうかはわかっていない。

(5) $H(w)$ を小さくする領域が二つ以上あってその複数の領域の間を往復するために $H(w)$ が大きな場所を通過する必要があるとき，複数の領域からのサンプル回数を分布に応じて適切な割合にすることは難しいことが多い。領域と領域の間に偏りが生じやすく，場合によっては，サンプルされない領域があることもある。これを**ポテンシャル障壁の問題**という。

(6) $H(w)$ が小さい値をとる領域が二つ以上あって，その複数の領域が細い道でつながれているとき，その道の途中で $H(w)$ の値が大きくならなくても，細い道を通って往復することは確率的に困難である。この場合でも偏りが生じたり，サンプルされない領域が生じたりする。複雑な構造の確率モデルからのサンプルでは，このような状況が起こりやすい。これを**エントロピー障壁の問題**という。

(7) ベイズ統計学においてマルコフ連鎖モンテカルロ法の性能を確認する場

合，設計者が真の分布を設計して，4 章で述べた実対数域値と特異ゆらぎの理論値と実験値を比較することにより，マルコフ連鎖モンテカルロ法の設定を行うことができる。

(8) マルコフ連鎖モンテカルロ法は上記のような課題を含んでいるといはいえ，事後分布を実現するための最も強力な方法である。20 世紀に発見されたアルゴリズムの中で最も重要なものであるといわれている。

例 20 (ハイブリッド・モンテカルロ法) メトロポリス法を改良する方法としてつぎの方法が知られている。$w \in \mathbb{R}^d$ とする。新しい変数 $p \in \mathbb{R}^d$ を導入する。

$$\mathcal{H}(w,p) = \frac{1}{2}\|p\|^2 + \beta H(w)$$

と定義して $\exp(-\mathcal{H}(w,p))$ に比例する確率分布からのサンプリングを行うことができれば，この分布は w と p について独立であるから $\exp(-\beta H(w))$ からサンプリングできたことと等価である。つぎのように行う。

1) $w(1)$ を初期化する。$t=1$ とする。
2) 平均 0 分散 1 の正規分布に従う d 個のサンプルを独立に発生して d 次元のベクトル p を構成する。
3) $(w(t), p)$ を初期値とするつぎの微分方程式を数値的に解いて，T 時刻後の (w', p') を得る。ここで t と T は関係のない値である。

$$\frac{dw}{d\tau} = p, \quad \frac{dp}{d\tau} = -\beta \nabla H(w) \qquad (0 \leq \tau \leq T).$$

微分方程式の数値解法は誤差を含んでいてもよいが，時間反転と位相空間の体積保存が満たされている必要がある（つぎの注意 54 のリープ・フロッグ法はこれらを満たすことが知られている）。

4) $\Delta\mathcal{H} = \mathcal{H}(w', p') - \mathcal{H}(w(t), p)$ を求めて確率 $P = \min\{1, \exp(-\Delta\mathcal{H})\}$ で $w(t+1) = w'$ を採択し，$1-P$ で $w(t+1) = w(t)$ を採択する。
5) 2) に戻る。

このアルゴリズムは，$\exp(-\mathcal{H}(w,p))$ に比例する確率分布に対する詳細釣合いを満たすので，得られた $\{(w(t),p(t))\}$ から $\{w(t)\}$ を用いると $\exp(-\beta H(w))$ に従うサンプリングができる。また 3) の微分方程式はつねに $d\mathcal{H}/d\tau = 0$ を満たすから，正確に解けるとすれば $\mathcal{H}$ を保存し，$\Delta \mathcal{H} = 0$ である。すなわち，正確に解ければ $P = 1$ である。微分方程式の数値解法によって誤差が出ても P は比較的小さくなりにくく，T を大き目に設定できれば，確率 P を小さくすることなく離れた場所に移動することができる。

注意 54 (リープ・フロッグ法) 微分方程式

$$\frac{dw}{d\tau} = p, \qquad \frac{dp}{d\tau} = f(w)$$

に対する繰返しをつぎのようにする。

$$p\left(n+\frac{1}{2}\right) = p(n) + \frac{\epsilon}{2}f(w(n)), \qquad w(n+1) = w(n) + \epsilon\, p\left(n+\frac{1}{2}\right),$$
$$p(n+1) = p\left(n+\frac{1}{2}\right) + \frac{\epsilon}{2}f(w(n+1)).$$

ここで $\epsilon > 0$ は小さい定数である。

5.1.2 ギブス・サンプリング

パラメータ $w \in \mathbb{R}^d$ を二つの変数に分割して $w = (w_1, w_2)$ とする。目的とする確率分布を $p(w_1, w_2)$ として，この確率分布から定義される条件付き確率を $p(w_1|w_2)$ および $p(w_2|w_1)$ とする。

ギブス・サンプリング法 集合 $\{w(t) = (w_1(t), w_2(t)) \in \mathbb{R}^d\,;\, t=1,2,3,...\}$ をつぎの手続きに従って得る。

1) 初期値 $w(1)$ を定めて，$t = 1$ とする。
2) 確率 $1/2$ で $p(w_1'|w_2')p(w_2'|w_1(t))$ に従って (w_1', w_2') を選出し，確率 $1/2$ で $p(w_2'|w_1')p(w_1'|w_2(t))$ に従って (w_1', w_2') を選出する。
3) $w_{t+1} = (w_1', w_2')$ とおき，$t := t+1$ とおいて 2) に戻る。

補題 26 ギブス・サンプリング法は詳細釣合いの関係を満たしている。

(証明) 条件付き確率は

$$p(w_1', w_2'|w_1, w_2) = \frac{1}{2}\{p(w_2'|w_1')p(w_1'|w_2) + p(w_1'|w_2')p(w_2'|w_1)\}$$

であるから,これについて詳細釣合い

$$p(w_1', w_2'|w_1, w_2)p(w_1, w_2) = p(w_1, w_2|w_1', w_2')p(w_1', w_2')$$

が成り立つことを示せばよい。条件付き確率の定義から

$$\begin{aligned}p(w_2'|w_1')p(w_1'|w_2)p(w_1, w_2) &= \frac{p(w_1', w_2')}{p(w_1')}\frac{p(w_1', w_2)}{p(w_2)}p(w_1, w_2) \\ &= p(w_1', w_2')\frac{p(w_1', w_2)}{p(w_1')}\frac{p(w_1, w_2)}{p(w_2)} \\ &= p(w_1', w_2')p(w_2|w_1')p(w_1|w_2)\end{aligned}$$

であることと,w_1, w_2 のどちらを先にサンプルするかについて確率 1/2 で選ぶことの対称性から,詳細釣合いが証明された。(証明終)

注意 55

(1) ギブス・サンプリングは,$p(w_1|w_2)$ および $p(w_2|w_1)$ のそれぞれからのサンプリングが容易である場合に利用される。

(2) サンプリングする順番は確率 1/2 で選ばれる場合を考えた。順番をいつも同じにすると,詳細釣合いが満たされなくなるが,式 (5.2) は成立する。

(3) 上記のアルゴリズムでは,サンプリングする順番を「w_1, w_2 にするか」あるいは「その逆の順にするか」を確率 1/2 で選んでいた。毎回 w_1, w_2 の一方を固定して他方をサンプリングするアルゴリズムであって,どちらを選ぶかを確率 1/2 ずつで決めるという方式でも詳細釣合いは満たされる。この場合には条件付き確率は

$$p(w_1', w_2'|w_1, w_2) = \frac{1}{2}\{p(w_1'|w_2)\delta(w_2'-w_2) + p(w_2'|w_1)\delta(w_1'-w_1)\}$$

になる。これもギブス・サンプリングといい,同様にして詳細釣合いの関係が満たされていることがわかる。

(4) パラメータが3個以上の部分に分割できる場合 $w = (w_1, w_2, w_3)$ でも同様である。
(5) ギブス・サンプリングは，一方を止めて，一方を確率的に選ぶ方法であるから，両方を同時に動かさないと移動しにくい場合にはサンプリング効率が悪くなることがある．例えば目的とする確率分布が

$$p(w_1, w_2) = \delta(w_1 - w_2) p(w_2)$$

に近い形状をしているときには，ギブス・サンプリングは動きにくくなる．
(6) 5.2.2項で紹介する変分ベイズ法が適用できる確率モデルでは，ギブス・サンプリングを適用することができる．例えば混合正規分布のように，隠れ変数を導入することでパラメータと隠れ変数の同時分布を考えて，どちらか一方を止めることで，もう一方のサンプリングができる場合などはこれに相当する．

5.1.3 ランジュバン方程式を用いる方法

関数 $H(w)$ が与えられたとき $\exp(-\beta H(w))$ に比例する確率分布に従うサンプルを生成するための方法として，つぎのアルゴリズムを考えてみよう． $\epsilon > 0$ とする．

1) $w(t)$ を初期化する． $t = 0$ とする．
2) $g(\epsilon)$ を平均 0 分散 2ϵ の正規分布に従う確率変数とする．つぎの更新を行う．毎回独立な $g(\epsilon)$ を用いて

$$w(t + \epsilon) = w(t) - \epsilon \beta \nabla H(w(t)) + g(\epsilon) \tag{5.4}$$

とする．
3) $t = t + \epsilon$ として 2) を繰り返す．

この方程式で $\epsilon \to 0$ として得られる確率微分方程式

$$\frac{dw}{dt} = -\beta \nabla H(w) + \frac{dB}{dt}$$

のことを**ランジュバン方程式**という。ここで，dB/dt は平均 0 分散 2ϵ の正規分布に従う確率変数を ϵ で割って ϵ を零に近づけたものであり，通常の意味の確率変数にはならないが積分すると正規分布になるものである。これを**白色雑音**という。このアルゴリズムに従って生成される $w(t)$ が従う確率分布はつぎの補題のように，ある微分方程式を満たしている。

補題 27 上記のアルゴリズムに従って得られる確率変数 $W(t)$ の確率分布を $p(w,t)$ とする。$\epsilon \to 0$ とするとき

$$\frac{\partial}{\partial t} p(w,t) - \beta \nabla \cdot ((\nabla H(w)) p(w,t)) = \Delta p(w,t)$$

が成り立つ。これを**フォッカー・プランク方程式**という。

(証明) まず確率変数 $g(\epsilon)$ の確率分布 $q(\ )$ のフーリエ変換は

$$\mathcal{F}(q) = \int \frac{1}{\sqrt{4\pi\epsilon}} \exp\left(-\frac{\|w\|^2}{4\epsilon}\right) \exp(ik \cdot w) dw = \exp(-\epsilon \|k\|^2)$$

である。確率分布 $p(w,t)$ の w についてのフーリエ変換を

$$\varphi(k,t) = \mathcal{F}(p)(k,t) = \int p(w,t) \exp(ik \cdot w) dw$$

とおく。更新式 (5.4) から

$$\begin{aligned}
\varphi&(k, t+\epsilon) \\
&= \int p(w,t) dw \int q(g) dg \exp(ik \cdot (w - \epsilon\beta\nabla H(w) + g)) \\
&= \exp(-\epsilon\|k\|^2) \int p(w,t) dw \exp(ik \cdot w) \exp(-i\epsilon\beta k \cdot \nabla H(w)) \\
&= (1 - \epsilon\|k\|^2) \int p(w,t) dw \exp(ik \cdot w)(1 - i\epsilon\beta k \cdot \nabla H(w)) + o(\epsilon^2) \\
&= \varphi(k,t) - \epsilon\{i\beta k \cdot \mathcal{F}((\nabla H)p)(k,t) + \|k\|^2 \varphi(k,t)\} + o(\epsilon^2).
\end{aligned}$$

フーリエ変換に $(-ik)$ を掛けたものは微分したものをフーリエ変換したものと同じであるから，上式を逆フーリエ変換すると

$$\frac{p(w, t+\epsilon) - p(w,t)}{\epsilon} = \beta \nabla \cdot ((\nabla H(w)) p(w,t)) + \Delta p(w,t) + o(\epsilon^2).$$

ここで $\epsilon \to 0$ の極限をとると補題が得られる。(証明終)

フォッカー・プランク方程式が定常解 (時間 t に依存しない解) $p(w,t) = \overline{p}(w)$ をもつとすると $(\partial \overline{p}/\partial t) = 0$ であるから上の補題より

$$-\nabla \cdot (\beta \nabla H(w))\overline{p}(w)) = \Delta \overline{p}(w)$$

が成り立つ。無限遠で 0 になることを仮定すると

$$-(\beta \nabla H(w))\overline{p}(w) = \nabla \overline{p}(w).$$

したがって

$$-\beta \nabla H(w) = \nabla(\log \overline{p}(w)).$$

これより

$$\overline{p}(w) \propto \exp(-\beta H(w))$$

となる。これがランジュバン方程式が収束する確率分布であり、目的の確率分布と一致している。

5.1.4　自由エネルギーの近似

つぎに自由エネルギーの計算法について述べる。自由エネルギーはベイズ推測において重要な情報をもつ量であるが、事後分布による平均操作だけでは求めることができない。自由エネルギーを求めるには分配関数を求めればよい。

$$\hat{H}(w) = -\sum_{i=1}^{n} \log p(X_i|w) \tag{5.5}$$

とおき

$$Z_n(\beta) = \int e^{-\beta \hat{H}(w)} \varphi(w) dw \tag{5.6}$$

とする。逆温度 β での平均を

と表記する。分配関数 $Z_n(1)$ を求めよう。数列 $\{\beta_k\,;\,k=0,1,...,J\}$ を

$$0 = \beta_0 < \beta_1 < \cdots < \beta_J = 1$$

を満たすように決める。$Z_n(0) = 1$ であるから

$$Z_n(1) = \prod_{k=0}^{J-1} \frac{Z_n(\beta_{k+1})}{Z_n(\beta_k)} = \prod_{k=0}^{J-1} \mathbb{E}_w^{(\beta_k)}\left[e^{-(\beta_{k+1}-\beta_k)\hat{H}(w)}\right] \tag{5.7}$$

である。自由エネルギーは

$$F_n(1) = -\log Z_n(1) = -\sum_{k=0}^{J-1} \log \mathbb{E}_w^{(\beta_k)}\left[e^{-(\beta_{k+1}-\beta_k)\hat{H}(w)}\right] \tag{5.8}$$

によって計算できる。$\mathbb{E}_w^{(\beta)}[\ ]$ による平均を計算するためには，メトロポリス法あるいは他の方法を

$$H(w) = \hat{H}(w) - \frac{1}{\beta}\log\varphi(w)$$

として用いればよい。

注意 56

(1) 関数 $f(\beta) = -\log Z_n(\beta)$ とおく。

$$F_n(1) = f(1) = \int_0^1 \frac{df}{d\beta}(\beta)d\beta = \int_0^1 \mathbb{E}_w^{(\beta)}[\hat{H}(w)]d\beta.$$

式 (5.7) は，本質的にこの計算に相当することを行っている。

(2) 自由エネルギーを計算するためには，逆温度 $\beta_1,...,\beta_{J-1}$ における事後分布による平均

$$\mathbb{E}_w^{(\beta_1)}[\ ], \quad \mathbb{E}_w^{(\beta_2)}[\ ], \quad ..., \quad \mathbb{E}_w^{(\beta_{J-1})}[\ ]$$

が必要である。言い換えれば $W = (w_1, w_2, ..., w_{J-1})$ とするとき

$$P(W) = \prod_{j=1}^{J-1} p^{(\beta_j)}(w_j)$$

に従うパラメータの数列が必要になる。ここで

$$p^{(j)}(w) = \frac{1}{Z(\beta_j)} \exp(-\beta_j \hat{H}(w) - \log \varphi(w)).$$

この平均を行うために**レプリカ交換法**と呼ばれるマルコフ連鎖モンテカルロ法が提案されている。レプリカ交換法では，各温度ごとに通常のモンテカルロ法を行いながら，一定の間隔で逆温度 β_j のパラメータ w_j と β_{j+1} のパラメータ w_{j+1} をつぎの確率に従って交換する。

$$\exp\{-(\beta_{j+1} - \beta_j)(\hat{H}(w_j) - \hat{H}(w_{j+1}))\}.$$

この交換は $P(W)$ に関する詳細釣合いを満たすので，レプリカ交換法により $P(W)$ からのサンプリングが可能になる。

(3) レプリカ交換法による逆温度 β_1, β_2 $(\beta_2 > \beta_1)$ の間で交換が行われる確率はつぎの公式で与えられることが知られている[17]。

$$P(\beta_1, \beta_2) = 1 - \frac{1}{\sqrt{\pi}} \frac{\beta_2 - \beta_1}{\beta_1} \frac{\Gamma\left(\lambda + \frac{1}{2}\right)}{\Gamma(\lambda)}.$$

ここで λ は $\hat{H}(w)$ から定まる実対数閾値である。このことから交換確率を各温度で一定にするためには，温度 $\{\beta_j\}$ を等比数列にすればよいことがわかる。

(4) レプリカ交換法は，特に逆温度が大きい領域（低温領域という）においてポテンシャル障壁やエントロピー障壁のためサンプリングが困難になる問題において大局的なサンプリングが行えるという長所を有している。逆温度が小さい側と大きな側との間に頻繁に交換が行われるほど効率のよいサンプリングが実現されると考えられるが，交換の確率と近似効率の間の関係などについてはまだ不明であることも多い。

注意 57 確率分布

$$p(w) = \frac{1}{Z}\varphi(w)\exp(-nH(w))$$

を考えよう．この確率分布による平均を $\mathbb{E}_w[\ ]$ と書くことにする．このとき

$$Z = \frac{1}{\mathbb{E}_w[\exp(nH(w))]}$$

が成り立つが，マルコフ連鎖モンテカルロ法によって平均 $\mathbb{E}_w[\ ]$ をサンプルで近似するとき，この関係を利用すると Z の計算法としては適していない．これは $\mathbb{E}_w[\ ]$ によって生成されるサンプルの位置と $\exp(nH(w))$ が大きな w の位置が異なり過ぎるからである．

注意 58 マルコフ連鎖モンテカルロ法はベイズ統計学だけでなく，広く一般に物理学・化学・生物学・経済学など多くの分野で利用され，多数の変数が複雑に関係する問題において多大な力を発揮している．ここで紹介したメトロポリス法・ギブス法・ハイブリッド法・ランジュバン方程式を用いる方法・レプリカ交換法はすべて自然科学者によって考案されたものである．自然現象をできるかぎり正確にコンピュータ上で再現し，その姿をはっきりと見たいという情熱がそれらをつくり出してきた．ますますの進展が期待されている．

5.2 平均場近似

この節では平均場近似について説明し，そのベイズ統計学への応用を述べる．

5.2.1 平均場近似とは

まず平均場近似について説明しよう．変数 $w \in \mathbb{R}^d$ 上の関数 $H(w)$ が与えられたとき，確率分布

$$p(w) = \frac{\exp(-\beta H(w))}{Z(\beta)}$$

を考えよう。ここで

$$Z(\beta) = \int \exp(-\beta H(w)) dw$$

とおいた。自由エネルギーを

$$F(\beta) \equiv -\frac{1}{\beta} \log Z(\beta)$$

とおくとつぎの定理が成り立つ。。

定理 19 (ギブスの変分原理) 確率分布 $q(w)$ を変数とする汎関数の最小値を $\min_q$ と書くと次式が成り立つ。

$$\beta F(\beta) = \min_q \left\{ \int q(w) \log q(w) dw + \beta \int q(w) H(w) dw \right\}$$

(証明) 確率分布 $q(w)$ と $p(w)$ とのカルバック・ライブラ情報量 (8.4 節) は

$$\begin{aligned} D(q||p) &= \int q(w) \log \frac{q(w)}{p(w)} dw \\ &= \int q(w) \log q(w) dw + \beta \int q(w) H(w) dw + \log Z(\beta) \end{aligned}$$

である。この式は $q(w) = p(w)$ のときに限り最小値 0 になる。(証明終)

つぎに二つの変数 (w, y) 上の確率分布を考える。

$$p(w, y) = \frac{\exp(-\beta H(w, y))}{Z(\beta)}.$$

ここで

$$Z(\beta) = \int \int \exp(-\beta H(w, y)) dw dy$$

であり、自由エネルギーは

$$F(\beta) = -\frac{1}{\beta} \log Z(\beta)$$

である。確率分布の集合 $\mathcal{Q}$ を

$$\mathcal{Q} = \{q(w)r(y)\}$$

とする。これは w と y が独立な確率分布の全体がつくる集合である。カルバック・ライブラ情報量

$$D(q(w)r(y)||p(w,y))$$

を最小にする $q(w)r(y)$ のことを $p(w,y)$ の**平均場近似**という。一般の $p(w,y)$ では w と y は独立とはかぎらない。独立ではないとき,平均場近似された $q(w)r(y)$ と $p(w,y)$ とは異なる確率分布である。

$$\beta \hat{F}(\beta) = \min_{(q,r)\in\mathcal{Q}} \left\{ \int q(w)\log q(w)dw + \int r(y)\log r(y)dy \right. \\ \left. + \beta \int\int q(w)r(y)H(w,y)dwdy \right\}$$

とおいて $\hat{F}(\beta)$ を**平均場自由エネルギー**という。定理 19 より,一般に

$$F(\beta) \leq \hat{F}(\beta)$$

が成り立つ。

注意 59 真の自由エネルギーが計算できない場合でも平均場自由エネルギーは計算できる場合がある。しかしながら平均場自由エネルギーが計算できても真の自由エネルギーの値はわからない。ただし,真の自由エネルギーは平均場自由エネルギー以下の値である。

例 21 平均場近似は,三つ以上の確率変数についても同様に定義することができる。スピン変数 S_i は ± 1 をとるものとする。例えば

$$H(S_1, S_2, .., S_N) = -\sum_{|i-j|=1}^{N} S_i S_j$$

のとき $\exp(-\beta H(s_1, s_2, ..., s_N))/Z(\beta)$ を $q_1(s_1)q_2(s_2)\cdots q_N(s_N)$ で近似したものをスピン系の平均場近似という。

5.2 平均場近似

定理 20 平均場近似された $q(w)$ と $r(y)$ は,つぎの関係を満足していなくてはならない。

$$q(w) \propto \exp\left(-\beta \int r(y)H(w,y)dy\right),$$
$$r(y) \propto \exp\left(-\beta \int q(w)H(w,y)dw\right).$$

これを**自己無矛盾条件**という。なお,自己無矛盾条件を満たす確率分布の組が二組以上あるときには平均場自由エネルギーを最小にするものが平均場近似である。

(証明) $q(w)$ と $r(y)$ の汎関数 $D(q(w)r(y)||p(w,y))$ が最小値をとるとき

$$q(w) \mapsto q(w) + (\delta q)(w), \quad r(y) \mapsto r(y) + (\delta r)(y)$$

という変分を行ったときの変化は 2 次以上であるから,1 次の変化は 0 である。$q(w), r(y)$ が確率分布なので積分してつねに 1 に等しいという条件を加えるために,ラグランジュの未定係数 $\lambda = (\lambda_1, \lambda_2)$ を用いて汎関数

$$\begin{aligned}S(q,r,\lambda) = &\int q(w)\log q(w)dw + \int r(y)\log r(y)dy \\ &+ \beta \int\int q(w)r(y)H(w,y)dwdy \\ &+ \lambda_1\left(\int q(w)dw - 1\right) + \lambda_2\left(\int r(y)dy - 1\right)\end{aligned}$$

を定義する。$(\delta q)(w), (\delta r)(y), d\lambda_1, d\lambda_2$ を考えたときの S の変化が 0 であることから

$$\int (\delta q)(w)\left(\log q(w) + 1 + \beta \int r(y)H(w,y)dy\right)dw = 0,$$
$$\int (\delta r)(y)\left(\log r(y) + 1 + \beta \int q(w)H(w,y)dw\right)dy = 0,$$
$$\int q(w)dw = 1,$$
$$\int r(y)dy = 1.$$

この等式が任意の $(\delta q)(w), (\delta r)(y)$ について成り立つことから定理が得られた。
(証明終)

例 22 変数を $w = (x, y) \in \mathbb{R}^2$ として

$$p(w) \propto \exp(-\beta x^2 y^2 - x^2 - y^2)$$

を $q(x)r(y)$ で平均場近似してみよう。自己無矛盾条件は

$$q(x) \propto \exp(\,\mathbb{E}_r[-\beta x^2 y^2 - x^2 - y^2]\,),$$
$$r(y) \propto \exp(\,\mathbb{E}_q[-\beta x^2 y^2 - x^2 - y^2]\,)$$

である。ここで $\mathbb{E}_r[\ ], \mathbb{E}_q[\ ]$ は確率分布 $r(y), q(x)$ についての平均をとる操作を表している。これより,ある定数 a, b が存在して

$$q(x) \propto \exp(-ax^2), \qquad r(y) \propto \exp(-by^2)$$

という分布でなくてはならないから,これを用いて平均を行って

$$q(x) \propto \exp\left(-\left(\frac{2\beta}{b} + 1\right)x^2\right), \qquad r(y) \propto \exp\left(-\left(\frac{2\beta}{a} + 1\right)y^2\right)$$

である。$q(x), r(y)$ は同じ確率分布を表すから

$$a = \frac{2\beta}{b} + 1, \qquad b = \frac{2\beta}{a} + 1.$$

これより,$a = (\sqrt{8\beta + 1} + 1)/2$ であり,この a を用いて平均場近似は

$$q(x)r(y) \propto \exp(-a(x^2 + y^2)).$$

注意 60 確率分布の集合を $\mathcal{Q} = \{q(x)\}, \mathcal{P} = \{p(x)\}$ とする。

$$D(q||p) = \int q(x) \log \frac{q(x)}{p(x)} dx$$

が 0 のとき $q(x) = p(x)$ であるが,もしも $D(q||p)$ が 0 になれないときには,どのようなことが起こるだろうか。

1. $q(x)$ を固定して $p(x)$ を最適化したとき。このときには $p(x)$ は $q(x)$ よりも大きな広がりをもつ。
2. $p(x)$ を固定して $q(x)$ を最適化したとき。このときには $q(x)$ は $p(x)$ よりも限定された広がりをもつ。

平均場近似によって得られる確率分布は，真の確率分布よりも局所化されているのである．このため平均場近似がどのくらいよい近似になっているかについて平均場近似を使って調べることはできない．

注意 61 一般に，$p(w, y)$ が与えられたとき，自己無矛盾条件を満たす平均場近似はユニークではない．近似という意味では，最も小さい自由エネルギーをもつものを選ぶのがよいと思われる．自己無矛盾条件を満たす平均場近似が複数あったとき，逆温度 β を変化させると，最も自由エネルギーを小さくするものが複数の候補の中で変化する（ジャンプする）ことが起こることがある．これは相転移の一つであるが，$p(w, y)$ そのものの相転移であるのか，平均場近似を行ったために見える相転移であるのかは，平均場近似だけからでは判断できない．$p(w, y)$ が相転移をもたなくても，その平均場近似が相転移をもつことは起こる．なお，$p(w, y)$ と平均場近似が共に相転移をもつ場合にも，相転移点の位置はずれることが多い．

5.2.2 変分ベイズ法

平均場近似を用いて事後分布を近似する方法を**変分ベイズ法**という．特に指数型分布の混合分布では平均場近似は非常に効率のよい計算を与えるので，広く利用されている．なお変分ベイズ法では平均場自由エネルギーのことを**変分自由エネルギー**という．

定義 25（ディリクレ分布） 変数 $a = (a_1, a_2, ..., a_K) \in [0, 1]^d$ が条件 $a_1 + a_2 + \cdots + a_K = 1$ を満たすとする．ディリクレ分布とは変数 a についての分布で

$$\mathrm{Dir}(a|\phi) = \frac{1}{Z(\phi)} \prod_{k=1}^{K} (a_k)^{\phi_k - 1} \tag{5.9}$$

のことである。ただし条件 $a_1 + a_2 + \cdots + a_K = 1$ を成立させるために

$$da \equiv \delta\left(1 - \sum_{k=1}^{K} a_k\right) da_1 da_2 \cdots da_K$$

で積分するものとする。また $\phi = (\phi_1, ..., \phi_K)$ は各要素が正値のハイパーパラメータであり，正規化定数は

$$Z(\phi) = \frac{\displaystyle\prod_{k=1}^{K} \varGamma(\phi_k)}{\varGamma\left(\displaystyle\sum_{k=1}^{K} \phi_k\right)} \tag{5.10}$$

である。このときつぎが成り立つ。

$$\int a_j \mathrm{Dir}(a|\phi) da = \frac{\phi_j}{\displaystyle\sum_{k=1}^{K} \phi_k}, \tag{5.11}$$

$$\int (\log a_j) \mathrm{Dir}(a|\phi) da = \psi(\phi_j) - \psi\left(\sum_{k=1}^{K} \phi_k\right). \tag{5.12}$$

ここで $\psi(x) = (\log \varGamma(x))'$ はディガンマ関数である。これらの等式の導出は章末問題【2】を見よ。

定義 26 指数型分布 $v(x)\exp(f(b) \cdot g(x))$ を用いて**混合指数型分布**を

$$p(x|w) = \sum_{k=1}^{K} a_k v(x) \exp(f(b_k) \cdot g(x)) \tag{5.13}$$

と定義する。ここで $x \in \mathbb{R}^N$ であり，$w = (a,b) = \{(a_k, b_k)\,;\,k=1,2,...,K\}$ がパラメータである。ただし $0 \leqq a_k \leqq 1$, $a_1 + a_2 + \cdots + a_K = 1$ が成り立つものを考える。K を**コンポーネント数**という。つぎの事前分布を利用する。

$$\varphi(w) = \varphi_1(a|\phi)\varphi_2(b|\eta),$$

$$\varphi_1(a|\phi) = \mathrm{Dir}(a|\phi),$$
$$\varphi_2(b|\eta) = \prod_{k=1}^{K} \frac{1}{z(\eta_k)} \exp(\eta_k \cdot f(b_k)).$$

ここで $\phi = (\phi_1, \phi_2, ..., \phi_K)$ と $\eta = (\eta_1, \eta_2, ..., \eta_K)$ がハイパーパラメータであり

$$z(\eta_k) = \int \exp(\eta_k \cdot f(b_k)) db_k$$

である。$\mathrm{Dir}(a|\phi)$ はディリクレ分布である。

競合的な確率変数 $Y = (Y_1, Y_2, ..., Y_K)$ をつぎの集合の上に値をとるものとする。

$$\mathcal{C} = \{(1,0,0,...,0),\ (0,1,0,...,0),\ ...,\ (0,0,0,...,1)\}.$$

すなわち，Y_k の中のどれか一つだけの要素だけが1になり，他はすべて0となる。この確率変数を用いて (x,y) の同時分布を

$$p(x, y|w) = \prod_{k=1}^{K} \Big(a_k v(x) \exp(f(b_k) \cdot g(x)) \Big)^{y_k}$$

と定義する。ここで $y = (y_1, y_2, ..., y_K) \in \mathcal{C}$ である。するとこの分布の周辺分布について

$$p(x|w) = \sum_{y \in \mathcal{C}} p(x, y|w)$$

が成り立つ。すなわち，混合分布 $p(x|w)$ の推測の問題は Y について計測することができない $p(x,y|w)$ の推測の問題と等価である。確率変数 Y を**隠れ変数**あるいは**潜在変数**という。サンプル全体の集合 $x^n \in \mathbb{R}^{Nn}$ と隠れ変数全体の集合 $y^n \in \mathcal{C}^n$ を

$$x^n = \{x_i \in \mathbb{R}^N\ ;\ i = 1, 2, ..., n\},$$
$$y^n = \{y_i \in \mathcal{C}\ ;\ i = 1, 2, ..., n,\} = \{y_{ik}\ ;\ i = 1, 2, ..., n,\ k = 1, 2, ..., K\}$$

と表記する。変数全体 (x^n, y^n, w) の確率モデルは

$$P(x^n, y^n, w) = \varphi(w) \prod_{i=1}^n p(x_i, y_i | w) \tag{5.14}$$

である。このセクションでは逆温度 $\beta = 1$ の場合だけを考える。このときサンプル x^n が与えられたときの (y^n, w) の確率モデルは条件付き確率を計算して

$$P(y^n, w | x^n) = \frac{1}{Z_n} P(x^n, y^n, w)$$

である。ここで定数 Z_n は (w, y) について周辺化した

$$Z_n = \sum_{y^n \in \mathcal{C}^n} \int dw\, P(x^n, y^n, w) = \int dw\, \varphi(w) \prod_{i=1}^n p(x_i | w)$$

である。これは確率モデル $p(x|w)$ と事前分布 $\varphi(w)$ に関する分配関数と一致している。確率モデルを基礎として導出された隠れ変数とパラメータの同時分布 $P(y^n, w | x^n)$ を $q(y^n) r(w)$ で平均場近似してみよう。カルバック・ライブラ距離は

$$K(q \cdot r || P) = \sum_{y^n \in \mathcal{C}^n} \int dw\, q(y^n) r(w) \log \frac{q(y^n) r(w)}{P(y^n, w | x^n)}$$

である。これを最小化することはつぎの汎関数を最小化することと等価である。

$$S(q, r) = \sum_{y^n \in \mathcal{C}^n} \int dw\, q(y^n) r(w) \log \frac{q(y^n) r(w)}{P(y^n, w, x^n)}.$$

この汎関数の最小値が変分自由エネルギーである。

$$\hat{F}_n \equiv \min_{(q, r) \in \mathcal{S}} S(q, r). \tag{5.15}$$

定理 20 より,汎関数を最小化する $q(y^n)$ と $r(w)$ はつぎの条件を満たさなくてはならない。

$$q(y^n) = C_1 \, \exp\Big(\mathbb{E}_r[\log P(x^n, y^n, w)]\Big), \tag{5.16}$$

$$r(w) = C_2 \, \exp\Big(\mathbb{E}_q[\log P(x^n, y^n, w)]\Big). \tag{5.17}$$

ここで $\mathbb{E}_r[\ ]$ と $\mathbb{E}_q[\ ]$ は,それぞれ確率分布 $r(w)$ と $q(y^n)$ による平均をとる操作であり,$C_1, C_2 > 0$ は定数である.$P = P(x^n, y^n, w)$ と書くことにすると

$$P = \frac{1}{Z(\phi)} \prod_{k=1}^{K} \frac{(a_k)^{\phi_k - 1}}{z(\eta_k)} \exp(f(b_k) \cdot \eta_k)$$
$$\times \prod_{i=1}^{n} v(x_i) \prod_{k=1}^{K} (a_k)^{y_{ik}} \exp(y_{ik}(f(b_k) \cdot g(x_i))).$$

これより

$$\begin{aligned}\log P &= \sum_{k=1}^{K} (\log a_k) \left(\sum_{i=1}^{n} y_{ik} + \phi_k - 1 \right) \\ &+ \sum_{k=1}^{K} f(b_k) \cdot \left(\eta_k + \sum_{i=1}^{n} y_{ik} g(x_i) \right) \\ &+ \sum_{i=1}^{n} \log v(x_i) - \log Z(\phi) - \sum_{k=1}^{K} \log z(\eta_k) \end{aligned} \quad (5.18)$$

である.式 (5.18) を $q(y^n)$ で平均することで $r(w)$ の確率分布の形が定まり,式 (5.18) を $r(w)$ で平均することで $q(y^n)$ の確率分布の形が定まる.$\log P$ は y_{ik} の関数としては y_{ik} について 1 次の項と定数項しか含んでいない.また a_k, b_k の関数としては $\log a_k, f(b_k)$ について 1 次の項と定数項しか含んでいない.したがって平均場近似された事後分布は,ある $(\hat{y}_{i1}, \hat{y}_{i2}, ..., \hat{y}_{iK})$, $\hat{\phi}, \hat{\psi}$ が存在して

$$q(y^n) = \prod_{i=1}^{n} \prod_{k=1}^{K} (\hat{y}_{ik})^{y_{ik}}, \tag{5.19}$$

$$r(w) = \varphi_1(a|\hat{\phi}) \varphi_2(b|\hat{\eta}) = \frac{1}{Z(\hat{\phi})} \prod_{k=1}^{K} \frac{(a_k)^{\hat{\phi}_k - 1}}{z(\hat{\eta}_k)} \exp(\hat{\eta}_k \cdot f(b_k)) \tag{5.20}$$

と書けることがわかった.ただし $\sum_{k=1}^{K} \hat{y}_{ik} = 1$ である.平均場近似に用いた確率分布の制限は「w と y^n が独立」であったが,平均場近似の結果は「a_k, b_k, y_i がすべて独立」になることがわかった.$\mathbb{E}_q[y_{ik}] = \hat{y}_{ik}$ であるから,式 (5.18) を

$q(y^n)$ で平均すると自己無矛盾の関係は

$$\hat{\phi}_k = \sum_{i=1}^{n} \hat{y}_{ik} + \phi_k, \tag{5.21}$$

$$\hat{\eta}_k = \sum_{i=1}^{n} \hat{y}_{ik} g(x_i) + \eta_k \tag{5.22}$$

である．一方，式 (5.18) を $r(w)$ で平均して y_{ik} の係数を比較ことにより自己無矛盾の関係は

$$\hat{y}_{ik} \propto \exp\{\mathbb{E}_r[\log a_k] + \mathbb{E}_r[f(b_k)] \cdot g(x_i)\}$$

となる．ここで

$$\mathbb{E}_r[\log a_k] = \psi(\hat{\phi}_k) - \psi\left(\sum_{k=1}^{K} \hat{\phi}_k\right), \quad \mathbb{E}_r[f(b_k)] = \frac{\partial}{\partial \eta_k} \log z(\hat{\eta}_k)$$

であるから

$$L_{ik} = \psi(\hat{\phi}_k) - \psi\left(n + \sum_{k=1}^{K} \phi_k\right) + \frac{\partial}{\partial \eta_k} \log z(\hat{\eta}_k) \cdot g(x_i) \tag{5.23}$$

とおくと

$$\hat{y}_{ik} = \frac{\exp(L_{ik})}{\sum_{k=1}^{K} \exp(L_{ik})} \tag{5.24}$$

である．なお，L_{ik} の計算で k に依存しない項があるときは i に依存していても $\hat{y}_{ik}$ には影響しないので取り除いてよい．予測分布は

$$p^*(x) = \int p(x|a,b)\varphi_1(a|\hat{\phi})\varphi_2(b|\hat{\eta})dadb$$

$$= \sum_{k=1}^{K} \left(\frac{\hat{\phi}_k}{\sum_{k=1}^{K} \hat{\phi}_k}\right) v(x) \frac{z(\hat{\eta}_k + g(x))}{z(\hat{\eta}_k)}$$

である．また変分自由エネルギーについては

$$\frac{P}{q(y^n)r(w)} = \frac{Z(\hat\phi)}{Z(\phi)} \prod_{k=1}^K \frac{z(\hat\eta_k)}{z(\eta_k)} (a_k)^{\phi_k - \hat\phi_k} \exp(f(b_k) \cdot (\eta_k - \hat\eta_k))$$
$$\times \prod_{i=1}^n v(x_i) \prod_{k=1}^K \left(\frac{a_k}{\hat y_{ik}}\right)^{y_{ik}} \exp(y_{ik} f(b_k) \cdot g(x_i))$$

と式 (5.15) より式 (5.21), (5.22) を用いて

$$\hat F_n = -\log\frac{Z(\hat\phi)}{Z(\phi)} - \sum_{k=1}^K \log\frac{z(\hat\eta_k)}{z(\eta_k)} - \sum_{i=1}^n \log v(x_i) - \sum_{i=1}^n \sum_{k=1}^K \hat y_{ik}\log\hat y_{ik}$$

である。

定理 21 (変分ベイズ法) つぎの再帰的なアルゴリズムで平均場近似を求めることができる。

1) サンプル $\{x_i\}$ が与えられたとき，初期値を

$$\hat\phi_k = \frac{n}{K} + \phi_k, \qquad \hat\eta_k = \frac{1}{K}\sum_{i=1}^n g(x_i) + \eta_k + 小さい雑音$$

とおく。

2) 式 (5.24) により $\hat y_{ik}$ を計算する。
3) 式 (5.21), (5.22) により $\hat\phi_k, \hat\eta_k$ を計算する。
4) 2), 3) を繰り返す。

例 23 混合正規分布，混合多項分布など，指数型分布の混合には変分ベイズ法が適用できる。具体的な計算は章末問題【3】を見よ。

注意 62

(1) ここでは混合指数型分布について隠れ変数を導入してパラメータと隠れ変数の分布の平均場近似を行った。隠れ変数を導入したのは，そうすることで平均場近似の繰返し代入の式が扱いやすいアルゴリズムを与えるからであり，隠れ変数を導入した平均場近似のほうが精度のよい近似になるからではない。分布の近似精度という点からすれば変数を増やしてから平均場近似することはむしろ近似の精度を下げている。

(2) 真の分布が K_0 個のコンポーネントからなる M 次元空間上の混合正規分布であり,これを K 個のコンポーネントの混合正規分布で変分ベイズ法で推測したとする。ハイパーパラメータのうち ϕ_k が k によらず一定値の ϕ であったとしよう。このとき,変分自由エネルギー $\hat{F}_n$ はつぎの不等式を満たすことが示されている[24]。

$$L_n(w_0) + \lambda_1 \log n + nK_n(\hat{w}) + c_1 < \hat{F}_n < L_n(w_0) + \lambda_2 \log n + c_2.$$

ここで $K_n(\hat{w})$ は変分ベイズ法で得られたパラメータ $\hat{w}$ を経験誤差関数に代入したものである。また c_1, c_2 は定数であり,λ_1, λ_2 はつぎの式で定義される。

$$\lambda_1 = \begin{cases} (K-1)\phi + \dfrac{M}{2} & \left(\phi \leq \dfrac{1}{2}(M+1)\right) \\ (MK + K - 1) & \left(\phi > \dfrac{1}{2}(M+1)\right) \end{cases},$$

$$\lambda_2 = \begin{cases} (K-K_0)\phi + \dfrac{1}{2}(MK_0 + K_0 - 1) & \left(\phi \leq \dfrac{1}{2}(M+1)\right) \\ \dfrac{1}{2}(MK + K - 1) & \left(\phi > \dfrac{1}{2}(M+1)\right) \end{cases}.$$

この結果から,変分ベイズ法は $\phi = (M+1)/2$ において相転移をもつことがわかる。

(3) 1 章で述べたようにベイズ推測においては汎化損失の平均値は $\beta = 1$ の自由エネルギーの増分と等しい。

$$E[G_n] = E[F_{n+1}(1)] - E[F_n(1)]$$

が成り立つ。一方,変分ベイズ法の汎化損失を $\hat{G}_n$ とし,変分自由エネルギーを $\hat{F}_n$ とするとき,上記と同様の関係は成り立たない。

$$E[\hat{G}_n] \neq E[\hat{F}_{n+1}] - E[\hat{F}_n].$$

このため変分ベイズ法の汎化誤差は現在のところ一般的には解明されていない。

(4) 混合正規分布に変分ベイズ法を適用したアルゴリズムの例は章末問題【3】を見よ。この場合に，隠れ変数とパラメータが独立になるのはどのような場合だろうか．もしも，真の分布の各正規分布の実質的なサポートがほとんど重なりがなければ，隠れ変数の値は確定的に決まるので，隠れ変数とパラメータは，ほとんど独立に近い．もしも，真の分布の各正規分布の実質的なサポートが完全に重なっていれば，隠れ変数の値はパラメータに影響しないので，この場合も隠れ変数とパラメータはほとんど独立である．しかしながら，もしも異なるコンポーネントの正規分布どうしで半分くらいの重なりがあると，隠れ変数とパラメータは独立でなくなる．このことから変分ベイズ法の近似精度は，各コンポーネントの確率分布間に半分くらいの重なりがある場合に最も悪化するように思われる．変分ベイズ法は，コンポーネントをはっきりと分割するには適するが，微妙な重なりを推測するには適さないのである．

5.3 質問と回答

質問 10 マルコフ連鎖モンテカルロ法によって分配関数も自由エネルギーもWAICも数値として計算できるのであれば，3章や4章の理論はいらないのですね．

回答 10 確かにマルコフ連鎖モンテカルロ法（以下 MCMC と略記します）があれば分配関数の値も，自由エネルギーの値も，WAIC の値もすべて数値的に評価できます．しかしながら，この世にあるものはすべてそうなのですが，**評価する者は，評価を行ったことによって同時に，評価した対象から評価されてもいる**のです．これを**評価の双対性**といいます．MCMC 法によって自由エネルギーを計算したとき，それによって MCMC 法がどの程度に正確に自由エネルギーを計算できるアルゴリズムであるかが評価されます．このときに必要になるのが3章および4章で述べた理論です．特に4章で述べた理論は，事後

分布が正規分布から遠い場合であっても成り立つうえに自由エネルギーの具体的な値を示す定数 λ についても解明されていますので，MCMC法の性能の評価に適しています。現実の問題にMCMC法を適用する前に，まずは理論値がわかっているものにMCMC法を適用して理論値が再現できることを確認しましょう。よいMCMC法をつくると理論値が正しく再現できます。

質問 11 事後分布を実現するために，さまざまな方法があることに驚きました。こうした方法を考えていくためにはどのような基礎的なことを学んだらよいでしょうか。

回答 11 よいアルゴリズムを思いつくための系統的な方法があるということはないと思いますが，あなたがこれからさまざまなことを探求する中で思い出される可能性が高いのは，それまでに出会って美しいと思ったことや面白いと思ったことだろうと思います。ベイズ統計学に現れるアルゴリズムは一つは解析力学[16]に基礎があるものです。もう一つは統計力学[21]です。どちらも美しくとても面白い学問ですから，なにかに役立てようとは考えず，学問そのものを学ぶことをおすすめします。

章 末 問 題

【1】 平均場近似できる確率分布はギブス・サンプリングで事後分布をつくることが容易であることが多い。混合指数型分布において事後分布をギブス・サンプリングで得るアルゴリズムを述べよ。

【2】 定義25で現れる式 (5.10)，式 (5.11)，式 (5.12) が成り立つことを示せ。

【3】 混合正規分布

$$p(x|w) = \sum_{k=1}^{K} \frac{a_k}{(2\pi\sigma^2)^{M/2}} \exp\left(-\frac{\|x - m_k\|^2}{2\sigma^2}\right)$$

に変分ベイズ法を適用するときの繰返し式を具体的に導出せよ。ただし σ^2 はパラメータではなく定数とする。

6

ベイズ統計学の諸問題

この章ではベイズ統計学に現れるいくつかの問題を考えてみよう。以下の事柄を説明する。

(1) ベイズ推測における回帰問題について説明する。
(2) モデルの評価について述べる。
(3) クロスバリデーションについて紹介し，クロスバリデーションは方法としてだけでなく理論の基礎としても重要であることを示す。
(4) ベイズ法を用いた検定の方法を述べる。

6.1 回 帰 問 題

M と N を自然数として $\mathbb{R}^M$ と $\mathbb{R}^N$ をそれぞれ M 次元と N 次元のユークリッド空間とする。確率変数 (X, Y) を $\mathbb{R}^M \times \mathbb{R}^N$ に値をとるものとしてその確率分布を

$$q(x, y) = \frac{q(x)}{(2\pi\sigma^2)^{N/2}} \exp\left(-\frac{\|y - R(x)\|^2}{2\sigma^2}\right)$$

としよう。ここで $q(x)$ は $\mathbb{R}^M$ 上の確率分布とし，$\sigma > 0$ は定数，$R(x)$ は $\mathbb{R}^M$ から $\mathbb{R}^N$ への関数とする。また $\| \ \|$ は $\mathbb{R}^N$ におけるノルムを表す。関数 $R(x)$ を真の回帰関数と呼ぶ。この確率分布 $q(x, y)$ に従う独立なサンプル $\{(X_i, Y_i) \, ; \, i = 1, 2, ..., n\}$ が得られたとしよう。また (X, Y) をそれらとは独立で $q(x, y)$ に従う確率変数で汎化損失を計算するためのものとする。パラメータの集合を $W \subset \mathbb{R}^d$ として，$r_w = r(x, w)$ を $\mathbb{R}^M \times W$ から $\mathbb{R}^N$ への関数とする。つぎの確率モデル $p(y|x, w)$ によって $q(y|x)$ を推測する問題を考える。

$$p(y|x,w) = \frac{1}{(2\pi\rho^2)^{N/2}} \exp\Big(-\frac{\|y-r(x,w)\|^2}{2\rho^2}\Big).$$

ここで $\rho > 0$ は σ と一般には異なる定数とする。このとき逆温度 $\beta = 1$ のときのベイズ事後分布は，積分して 1 になる定数 $Z_n(1)$ を用いて

$$\mathbb{E}_w[\ ] = \frac{1}{Z_n(1)} \int (\ ) \prod_{i=1}^n p(Y_i|X_i,w)\varphi(w)dw$$

である。事後分布を用いて計算される回帰関数

$$y = \mathbb{E}_w[r(x,w)]$$

を**回帰関数のベイズ推測**と呼ぶことにする。これはベイズ推測 $\mathbb{E}_w[p(y|x,w)]$ から計算される回帰関数と一致する。実際

$$\int y\,\mathbb{E}_w[p(y|x,w)]\,dy = \mathbb{E}_w[r(x,w)]$$

である。回帰関数の良さを測るとき二つの指標が考えられる。一つは，**汎化二乗誤差**

$$E_n = \frac{1}{2\rho^2}\mathbb{E}_X\| R(X) - \mathbb{E}_w[r(X,w)] \|^2$$

であり，もう一つはベイズ推測の汎化誤差

$$G_n^{(0)} = \mathbb{E}_{XY}\Big[\log \frac{q(Y|X)}{\mathbb{E}_w[p(Y|X,w)]}\Big]$$

である。この二つは同じだろうか。まず，この問題を考察してみよう。ベクトル値関数（スカラー量である場合も含めて）$F(w)$ の事後分布による分散共分散行列を

$$\mathbb{V}_w[F(w)] = \mathbb{E}_w[F(w)F(w)^T] - \mathbb{E}_w[F(w)]\mathbb{E}_w[F(w)^T]$$

によって定義する。

定理 22 表記を簡略化するため $\mathbb{V}_w(r_w) = \mathbb{V}_w[r(X,w)]$ と書く。また w_0 を $\mathbb{E}_X[\|R(X) - r(X,w)\|^2]$ を最小にするパラメータとし

$$I_0(X) = (R(X) - r(X,w_0))(R(X) - r(X,w_0))^T$$

と定義する。サンプル数 n が大きいとき

$$G_n^{(0)} = E_n + \frac{N}{2}\Big(\frac{\sigma^2}{\rho^2} - 1 + \log\frac{\sigma^2}{\rho^2}\Big) + \frac{\rho^2 - \sigma^2}{2\rho^4}\mathrm{tr}(\,\mathbb{E}_X[\mathbb{V}_w(r_w)]\,)$$
$$- \frac{1}{2\rho^4}\mathrm{tr}(\,\mathbb{E}_X[\,\mathbb{V}(r_w)I_0(X)\,]\,) + o_p\Big(\frac{1}{n}\Big)$$

が成り立つ。この定理から，真の条件付き確率が確率モデルに含まれているとき，すなわち $\rho = \sigma$ かつ $R(x) = r(x, w_0)$ であるときには，汎化二乗誤差とベイズ汎化誤差は漸近的に等しいが，そうでないときには一般的には両者は等しくないということがわかる。

(証明) ベイズ汎化誤差は $G_n^{(0)} = G_n - L(w_0)$ であるから定理 1 より

$$G_n^{(0)} = \mathbb{E}_w[K(w)] - \frac{1}{2}\mathbb{E}_{XY}[\mathbb{V}_w[f(X,Y,w)]]$$

である。ここで f は対数尤度比関数

$$f(X,Y,w) = \frac{\|Y - r(X,w)\|^2}{2\rho^2} - \frac{\|Y - R(X)\|^2}{2\sigma^2} + N\log\Big(\frac{\rho}{\sigma}\Big)$$

である。$Y - r(X,w) = Y - R(X) + R(X) - r(X,w)$ を用いて

$$\mathbb{E}_w[K(w)] = \mathbb{E}_w[\mathbb{E}_{XY}[f(X,Y,w)]]$$
$$= \frac{\mathbb{E}_w[\mathbb{E}_X[\|R(X) - r(X,w)\|^2]]}{2\rho^2} + \frac{N\sigma^2}{2\rho^2} - \frac{N}{2} + N\log\Big(\frac{\rho}{\sigma}\Big)$$
$$= E_n + \frac{\mathbb{E}_X[\mathrm{tr}(\mathbb{V}_w[r_w])]}{2\rho^2} + \frac{N\sigma^2}{2\rho^2} - \frac{N}{2} + N\log\Big(\frac{\rho}{\sigma}\Big)$$

である。ここで $r_w = r(x, w)$ という表記と

$$\mathbb{E}_w[\|R(X) - r_w\|^2] = \|R(X) - \mathbb{E}_w[r_w]\|^2 + \mathrm{tr}(\mathbb{V}_w[r_w])$$

が成り立つことを用いた。つぎに $r_0 = r(x, w_0)$ と書くと

$$\mathbb{V}_w[f(X,Y,w)]$$
$$= \frac{1}{4\rho^4}\mathbb{V}_w[\|Y - r_w\|^2]$$
$$= \frac{1}{4\rho^4}\mathbb{V}_w[\|Y - r_0\|^2 + 2(Y - r_0)\cdot(r_0 - r_w) + \|r_0 - r_w\|^2].$$

この式の $V_w[\ ]$ の中の最初の項は w について定数なので分散共分散には影響しない。また第 2 項はオーダー $1/\sqrt{n}$ の項で第 3 項はオーダー $1/n$ の項である。したがって第 3 項は漸近的には影響しない。以上から

$$E_{XY}\mathbb{V}_w[f(X,Y,w)]$$
$$= E_{XY}\frac{1}{\rho^4}\mathbb{V}_w[(Y-r_0)\cdot(r_0-r_w)] + o\Big(\frac{1}{n}\Big)$$
$$= E_{XY}\frac{1}{\rho^4}\mathrm{tr}(\mathbb{V}_w(r_0-r_w)(Y-r_0)(Y-r_0)^T) + o\Big(\frac{1}{n}\Big)$$
$$= E_X\frac{1}{\rho^4}\mathrm{tr}(\mathbb{V}_w(r_w)(\sigma^2 + (R(X)-r_0)(R(X)-r_0)^T)) + o\Big(\frac{1}{n}\Big).$$

以上をまとめて定理を得る。(証明終)

つぎに $R(x) = r(x, w_0)$ であることを仮定して，**汎化二乗損失**と**経験二乗損失**の関係について述べる。

$$E_g = \frac{1}{2}E_X E_Y[\|Y - E_w[r(X,w)]\|^2],$$
$$E_t = \frac{1}{2n}\sum_{i=1}^{n}\|Y_i - E_w[r(X_i,w)]\|^2$$

と定義する。

$$\mathcal{K}(w) = \frac{1}{2}\int \|r(x,w) - R(x)\|^2 q(x)dx \tag{6.1}$$

と定義すると $\mathcal{K}(w)$ が解析関数であれば

$$\zeta(z) = \int_W \mathcal{K}(w)^z \varphi(w)dw$$

は全複素平面に有理型関数として解析接続することができる。その中で最も原点に近い極が $(-\lambda)$ である。また

$$V_n = \sum_{i=1}^{n} \Big\{ \mathbb{E}_w[\,\|r(X_i,w)\|^2\,] - \|\,\mathbb{E}_w[r(X_i,w)]\,\|^2 \Big\}$$

とおくと，ある定数 $\nu > 0$ が存在して

$$\lim_{n\to\infty} \mathbb{E}[V_n] = 2\nu\rho^2 \tag{6.2}$$

が成り立つ。

定理 23 $S = N\sigma^2/2$ とおく。$R(x) = r(x,w_0)$ のときつぎの関係が成り立つ。

$$\lim_{n\to\infty} n(\mathbb{E}[E_g] - S) = (\lambda - \nu)\rho^2 + \nu\sigma^2, \tag{6.3}$$

$$\lim_{n\to\infty} n(\mathbb{E}[E_t] - S) = (\lambda - \nu)\rho^2 - \nu\sigma^2. \tag{6.4}$$

また

$$\mathbb{E}[E_g] = \mathbb{E}\Big[\Big(1 + \frac{2V_n}{nN\rho^2}\Big)E_t\Big] + o\Big(\frac{1}{n}\Big)$$

が成り立つ。

(証明) 4 章の結果と同様にして導くことができる。巻末の引用・参考文献 28) の結果において $\beta = 1/\rho^2$ とおくとよい。(証明終)

注意 63 回帰問題は，統計的推測においてしばしば利用されるものである。回帰問題においては，回帰関数 $r(x,w)$ の推測と分散 σ^2 の推測は別の手続きで最適化したほうが安定的な推測ができるように思われる。分散 σ^2 の値の変化は推測全体に及ぼす影響が大きいため，その制御は十分にゆっくりと行われる必要があるからである。ベイズ推測においては分散はパラメータではなくハイパーパラメータだと考えて，パラメータ w の推測に対して最適化するのが適切ではないだろうか。なお，回帰問題においては事後分布の逆温度 β のコントロールは確率モデルの分散の制御と等価である。

6.2 モデルの評価

6.2.1 評価の規準

ベイズ推測においてモデルの選択を行う場合には，これまでに紹介してきた自由エネルギー（$\beta=1$）

$$F_n(1) = -\log \int \prod_{i=1}^{n} p(X_i|w)\varphi(w)dw$$

および汎化損失と漸近的に同じ平均値をもつ WAIC（$\beta=1$）

$$\begin{aligned}W_n = &-\frac{1}{n}\sum_{i=1}^{n}\log \mathbb{E}_w p(X_i|w) \\ &+ \frac{1}{n}\sum_{i=1}^{n}\{\mathbb{E}_w[(\log p(X_i|w))^2] - \mathbb{E}_w[\log p(X_i|w)]^2\}\end{aligned}$$

を観測して比較する．候補となるモデルに対して，これらの値を計算し，値の小さいモデルを選ぶ．

確率モデルや事前分布について，それらが真のモデルに対して適切である保証はないが，これらの値を計算すれば，その確率モデルと事前分布に対する評価が得られる．前章までの理論で導出したようにこれらの値の理論値は

$$nL_n(w_0) = -\sum_{i=1}^{n}\log p(X_i|w_0)$$

とおいて

$$F_n(1) = nL_n(w_0) + \lambda \log n - (m-1)\log\log n + O_p(1)$$

および

$$W_n = L_n(w_0) + \frac{2\nu^*}{n} + o_p\left(\frac{1}{n}\right)$$

である．このうち定数 λ と m は，真の分布と確率モデルおよび事前分布によって定まる量でありいまだに不明なものも多いが，現在さまざまなモデルについて

急速に解明が進められている。値 ν^* は確率変数であり，サンプルの出方について平均すると ν になるものである。与えられたサンプルに対してある程度大き目の確率モデルを用いると，そのサンプル数から見える解像度では，確率モデルは真の分布を含んでいると考えられる状況になる。そのときには $L_n(w_0)$ は真の分布の経験エントロピーになり，確率モデルと事前分布には依存しない値になる。

真の分布が，候補の中の確率モデルのいずれかとぴったり一致しているという人工的な状況においては，**ジェフーズの事前分布**

$$\varphi(w) \propto \sqrt{\det \mathcal{I}(w)}\, dw$$

を用いるとよい。ここで

$$\mathcal{I}(w) = \int \nabla \log p(x|w)(\nabla \log p(x|w))^T p(x|w) dw$$

である。この事前分布を用いると，真の分布に対して冗長な確率モデルの自由エネルギーや WAIC は非常に大きくなり，はっきりとしたモデルの選択ができる。しかしながら，この事前分布は，モデル選択の自然な状況である「サンプルが増えるにつれて適切なモデルは少しずつ複雑になる」という場合でのモデルの選択には適さない。

6.2.2 バイアスとバリアンス

統計的推測においては，真の分布と推測されたもののずれには，二つの要因があると考える。

(1) 一つ目の要因は，確率モデルの自由度が不十分なために真の分布が十分に近似できないことによるものである。このことによる推測誤差を**バイアス**という。一般に複雑な確率モデルを用いるほどバイアスは小さくなる。

(2) もう一つの要因は，ランダムなサンプルに基づく統計的推測の確率的なゆらぎによるものである。これを**バリアンス**という。一般に複雑な確率モデルを用いるほどバリアンスは大きくなる。

現実の問題では，バイアスとバリアンスの両方を同時に小さくすることはで

きないので，最適なモデルを選ぶときには，そのバランスを考察することになる。これを「バイアスとバリアンスの問題」という。

一般的な状況では，サンプルの個数が増えるほど真の分布の詳細な情報が見えてくると考えられる。すなわちバリアンスが小さくなるのでそれに応じて大き目のモデルを利用することができてバイアスも小さくできる。このため，最適な確率モデルは，サンプル数が増えるにつれて少しずつ複雑になっていくことが多い。ある有限な大きさの確率モデルがぴったりと真の分布と一致していることは人工的な問題であるときなど特別な場合に限られる。

自由エネルギーと汎化損失は，どちらも最小化によってバイアスとバリアンスのバランスをとろうとするものであるが，自由エネルギーを基にした規準は，わずかではあるがバリアンスを小さくすることを重視し過ぎている。汎化誤差はバイアスとバリアンスのバランスをとるという意味では適切であるが，値自体が確率的に揺れている。この両者を用いて問題を考えていくのがよいのではないかと思われる。

例 24 自由エネルギーを用いた確率モデルの評価について説明しよう。4章で述べたように，自由エネルギーの理論値は確率モデルと事前分布だけでなく，真の分布にも依存して定まる定数 λ によって与えられていた。

図 **6.1** の横軸はモデルの複雑さを表し，縦軸は自由エネルギーを表している。数値実験の結果は実線のようになることが多い。最も自由エネルギーが小さく

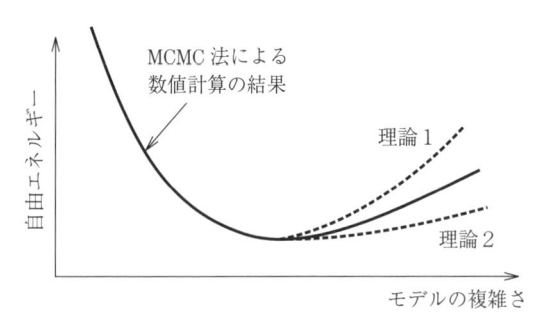

図 **6.1** 自由エネルギー

なる点を選ぶことにして，このモデルが真の分布をおおよそ表しているものと考えて仮の真の分布と呼ぼう．

(ⅰ) もしも，仮の真の分布を真の分布と考えて導出された理論値がグラフの右半分において，ぴったりと実線と一致していたら，そのとき自由エネルギーを最小にするモデルを選ぶのがよいだろう．

(ⅱ) もしも仮の真の分布を真の分布と考えて導出された理論値がグラフの右半分で「理論1」のようであったとすると，この場合には，仮の真の分布よりも複雑なモデルのほうが汎化誤差を小さくする可能性が高い．なぜなら，確率モデルが複雑になったときのバリアンスの増加が理論よりも小さくなるのはバイアスが小さくなったことが原因と考えられるからである．汎化損失を最小にする点は，仮の真の分布より少し大き目のもののほうがよいということになる．

(ⅲ) もしも仮の真の分布を真の分布と考えて導出される理論値がグラフの右側で「理論2」のようであったとすると，このような状況が生じるのは複雑なモデルにおける自由エネルギーの計算（MCMC法）の精度が不十分であることが原因ではないかと思われる．

6.2.3 偏差情報量規準

偏差情報量規準（DIC）は，AICと対比する形で提案されたベイズ推測における規準である[18]が，事後分布が正規分布で近似できない場合には，その平均値は漸近的にも汎化損失の平均値と同じではない[29]．定義は

$$\text{DIC} = -2\sum_{i=1}^{n} \log p(X_i|\mathbb{E}_w[w]) + 2D_{eff} \tag{6.5}$$

である．ここで，$\mathbb{E}_w[w]$ は $\beta=1$ の事後分布で平均されたパラメータである．また D_{eff} はDICにおいて定められた「有効パラメータ数」であり，その定義は $\beta=1$ のときの

$$D_{eff} \equiv 2\sum_{i=1}^{n}\Big\{-\mathbb{E}_w[\log p(X_i|w)] + \log p(X_i|\mathbb{E}_w[w])\Big\}$$

である。この値 D_{eff} は，事後分布が正規分布で近似できないときには有効に働いているパラメータの個数ではないが DIC ではこの値を「有効パラメータ数」と呼ぶと定めている。

真の分布が確率モデルに対して正則かつ実現可能であり，事後分布が正規分布で近似できるほどサンプルが多いときには，$\mathbb{E}_w[w]$ と最尤推定量 $\hat{w}$ の差は $1/\sqrt{n}$ よりも小さく，汎化誤差に対する影響は $1/n$ よりも小さなオーダーである。さらに D_{eff} は確率モデルのパラメータの個数と漸近的に一致する。この場合には DIC と 3 章で述べた AIC は漸近的に等価であり，ベイズ経験損失と平均プラグイン推測の経験損失の漸近挙動は一致するので

$$\mathrm{DIC}' = 2nT_n + 2D_{eff} \tag{6.6}$$

も DIC と漸近的に同じ規準になる。

以下では，T_n から G_n を推定する方法としての DIC と WAIC を比較するために，DIC' を $2n$ で割り算した量である

$$\mathrm{DIC}_1 = T_n + \frac{1}{n}D_{eff} \tag{6.7}$$

を用いる。また，事後分布の下で対数尤度比関数がカイ二乗分布に従うと仮定すると D_{eff} は $\beta = 1$ のときの

$$D'_{eff} = 2\Big(\mathbb{E}_w\Big[\Big(\sum_{i=1}^n \log p(X_i|w)\Big)^2\Big] - \mathbb{E}_w\Big[\sum_{i=1}^n \log p(X_i|w)\Big]^2\Big)$$

で近似することができるので，DIC_1 を修正した

$$\mathrm{DIC}_2 = T_n + \frac{1}{n}D'_{eff} \tag{6.8}$$

も考案されている [9]。DIC_2 では $\mathbb{E}_w[w]$ が用いられていないので $\mathbb{E}_w[w]$ が真のパラメータの近傍にない場合でも使えるのではないかと思われていた。しかしながら DIC_2 の平均値も一般には汎化損失の平均値と一致しない。

注意 64

(1) 真の分布が確率モデルに対して正則でありかつ実現可能であり，さらに事後分布が正規分布で近似できるという条件が成り立つ場合には，DIC_1，

DIC_2 は汎化損失を推測するという意味で理論的根拠をもつが，事後分布がそのように性質のよい場合には，どのような規準でも等価になる。その条件が成り立たない場合において，偏差情報量規準は意味のある量を与えているかどうかについては提案された当初から理論的根拠はないといわれていた。しかしながら，どのような意味で正しいのかが不明であったにもかかわらず，ベイズ推測におけるモデルの選択に広く応用されてきた。本当にそれでよかったのだろうか。

(2) ここでは事後分布が正規分布で近似できるとはかぎらない一般の場合における DIC_1, DIC_2 の理論的根拠を考察してみよう。以下では $\beta=1$ とする。まず DIC_1 については，平均パラメータ $\mathbb{E}_w[w]$ が真のパラメータの近傍にあるとはかぎらないので，一般的にはこの規準を使うことはできない。つぎに DIC_2 については，その漸近挙動を双有理不変量 λ と ν で記述することができる。実際，ギブス経験損失を

$$B_n = -\mathbb{E}_w\left[\frac{1}{n}\sum_{i=1}^n \log p(X_i|w)\right] \tag{6.9}$$

と定義すると，事後分布の定義から

$$\mathrm{DIC}_2 = T_n - 2\frac{\partial}{\partial \beta}B_n \tag{6.10}$$

が成り立つ。ここで $\mathbb{E}[T_n]$ は 4 章で解明したように $\beta=1$ のときには

$$\mathbb{E}[T_n] = L(w_0) + \frac{\lambda - 2\nu(1)}{n} + o\left(\frac{1}{n}\right)$$

である。また 4 章の章末問題【1】で述べたように一般の β で

$$\mathbb{E}[B_n] = L(w_0) + \left(\frac{\lambda}{\beta} - \nu(\beta)\right)\frac{1}{n} + o\left(\frac{1}{n}\right) \tag{6.11}$$

であるから，$\beta=1$ のとき

$$\mathbb{E}[\mathrm{DIC}_2] = L_0 + (3\lambda - 2\nu(1) + 2\nu'(1))\frac{1}{n} + o\left(\frac{1}{n}\right) \tag{6.12}$$

が成り立つ。ここで $\nu'(1) = (d\nu/d\beta)(1)$ とおいた。これは，一般には汎化損失の期待値と等しくない。これが汎化損失の平均値と一致するの

は,真の分布が確率モデルで実現可能かつ正則であり,事後分布が正規分布で近似できる場合である。実際,例えば真の分布が確率モデルに対して正則であり事後分布が正規分布で近似できる場合でも,真の分布が確率モデルに含まれていなければ $\lambda \neq \nu(1)$ であり $\nu'(1) = 0$ であるから,DIC_2 の平均値は汎化損失の平均値と一致しない。

例 25 入力と出力の組を $x \in \mathbb{R}^3$, $y \in \mathbb{R}^2$ とする。つぎの確率モデルを3層ニューラルネットワークという。

$$p(x,y|w) = \frac{s(x)}{(2\pi\sigma^2)^{3/2}} \exp\left(-\frac{\|y - R_H(x,w)\|^2}{2\sigma^2}\right). \tag{6.13}$$

ここで $\sigma = 0.1$ であり $s(x)$ は正規分布 $\mathcal{N}(0, 2^2 I)$ である。ただし $\mathcal{N}(m, A)$ は平均ベクトル m で分散共分散行列が A の正規分布を表している。I は単位行列である。入力 x を発生している確率分布 $s(x)$ はパラメータをもっていないので,推測されない。関数 $R_H(x, w)$ としては3層のニューラルネット

$$R_H(x, w) = \sum_{h=1}^{H} \frac{a_h}{1 + \exp(-b_h \cdot x)} \tag{6.14}$$

を用いた。パラメータは

$$w = \{(a_h \in \mathbb{R}^2,\ b_h \in \mathbb{R}^3)\,;\, h = 1, 2, ..., H\} \in \mathbb{R}^{5H} \tag{6.15}$$

である。事前分布 $\varphi(w)$ としては $\mathcal{N}(0, 10^2 I)$ を用いた。実験では $n = 200$ として,100セットの独立なサンプルを用いて

$$汎化誤差 = G_n - L(w_0), \tag{6.16}$$

$$\text{WAIC} = W_n - L_n(w_0), \tag{6.17}$$

$$\text{DIC1} = \text{DIC}_1 - L_n(w_0), \tag{6.18}$$

$$\text{DIC2} = \text{DIC}_2 - L_n(w_0) \tag{6.19}$$

を求めた。H については確率モデルが $H = 3$ で,真の分布が $H = 1$ と設定して,100セットのそれぞれについて,汎化誤差,WAIC,DIC1,DIC2 の値を求めヒストグラムを**図 6.2**〜**図 6.5** に示した。

6.2 モデルの評価

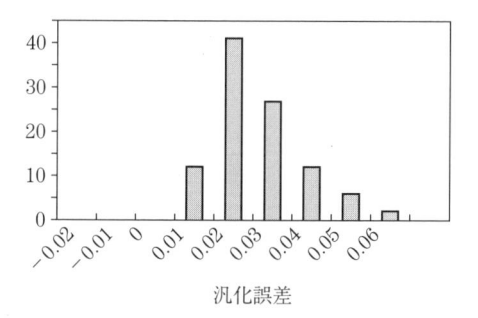

図 6.2 　汎　化　誤　差

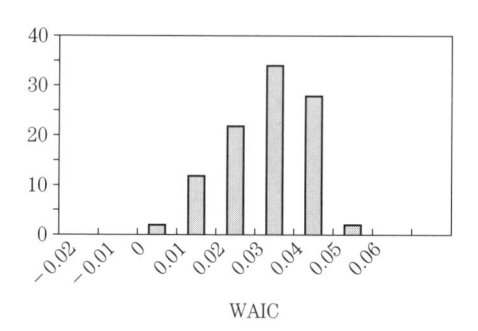

図 6.3 　　WAIC

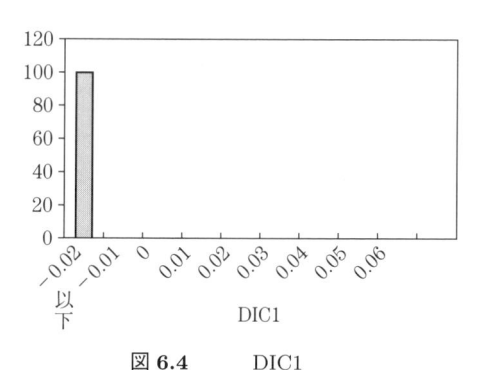

図 6.4 　　DIC1

　この例のように構造をもつ確率モデルにおいては事後分布は正規分布では近似できないので，汎化誤差の推測に偏差情報量規準 DIC を使うことは理論的に適していないのであるが，実験的にも適していないことがわかった．

図 6.5　DIC2

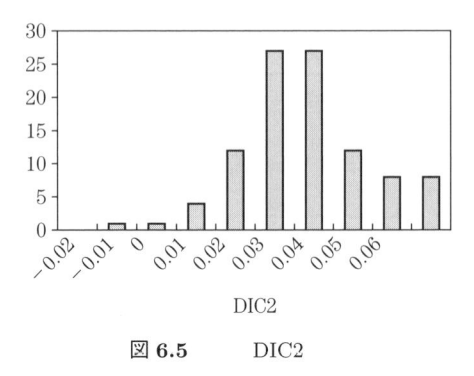

6.3　クロスバリデーション

サンプル n 個を二つの集合に分けて、一つの集合を統計的推測のために使い、もう一つの集合を推測の精度評価に使うことを**クロスバリデーション**（交差確認法、交差検証法）という。ベイズ推測においてクロスバリデーションは確率モデル評価の方法論としてだけではなく、理論的な意味でも重要性をもっていることを説明しよう。

クロスバリデーションにはさまざまな方法が考案されているが、ここでは、「サンプルの中から一つだけを除外して推測を行い、除外しておいたサンプルで評価を行う」という方法を考察する。この場合、除外されるサンプルとして n 通りの違いがあるが、n 通りのすべてについて作業を行って損失を平均したものを用いることにする。この方法を「一つだけを除外するクロスバリデーション法」という。

サンプル $X^n = (X_1, X_2, ..., X_n)$ が与えられたとき、X_i を取り除いた残りのサンプルでつくった事後分布を、この節では $E_w^{(i)}[\ ]$ と書くことにする。この事後分布による関数 $F(w)$ の平均は

6.3 クロスバリデーション

$$\mathbb{E}_w^{(i)}[F(w)] = \frac{\int F(w) \prod_{j \neq i}^n p(X_j|w)^\beta \, \varphi(w)dw}{\int \prod_{j \neq i}^n p(X_j|w)^\beta \, \varphi(w)dw}$$

と表される。ここで $\prod_{j \neq i}^n$ は $j = 1, 2, 3, ..., n$ についての積で $j = i$ の場合だけを除くという意味である。この事後分布を用いてつくった予測分布は

$$p^{(i)}(x) = \mathbb{E}_w^{(i)}[p(x|w)]$$

である。この予測分布について，推測のときに使わなかった X_i に対する対数損失は

$$-\log p^{(i)}(X_i) = -\log \mathbb{E}_w^{(i)}[p(X_i|w)]$$

である。この値を $i = 1, 2, .., n$ について平均したもの

$$C_n = -\frac{1}{n} \sum_{i=1}^n \log \mathbb{E}_w^{(i)}[p(X_i|w)] \tag{6.20}$$

のことを**クロスバリデーション損失**と呼ぶことにする。

一方，サンプル $X_1, X_2, ..., X_n$ が独立であるとき，汎化損失 G_{n-1} は X^{n-1} のサンプルで推測して X_n について予測した対数損失の平均であったから，定義から，汎化損失とクロスバリデーション損失はサンプルの出方について平均すればぴったりと等しい。

$$\mathbb{E}[C_n] = \mathbb{E}[G_{n-1}].$$

すなわち確率変数としての C_n と G_{n-1} とは同じではないが平均値は等しい。汎化損失 G_{n-1} の平均値は WAIC である W_{n-1} の平均値と漸近的に同じであったから

$$\mathbb{E}[C_n] = \mathbb{E}[G_{n-1}] = \mathbb{E}[W_{n-1}] + o\left(\frac{1}{n}\right)$$

が成り立つ。ここで汎化損失はサンプルだけでは計算することはできないが，クロスバリデーション損失と WAIC は，サンプルだけで計算できる量であることに注意しよう。つぎの定理は，クロスバリデーション損失と WAIC は確率変数として漸近的に等しい挙動をもつことを述べたものである。

定理 24 対数尤度比関数が相対的に有限な分散をもつことを仮定する。任意の $0 < \beta < \infty$ について，クロスバリデーション損失 C_n と広く使える情報量規準 W_n は，確率変数としてつぎの関係をもつ。

$$C_n = W_n + O_p\Big(\frac{1}{n^{3/2}}\Big). \tag{6.21}$$

特に $\beta = 1$ のときには

$$C_n = W_n + O_p\Big(\frac{1}{n^2}\Big) \tag{6.22}$$

である。

(証明) 平均 $\mathbb{E}^{(i)}[\ ]$ は事後分布 $\mathbb{E}_w[\ ]$ を用いて

$$\mathbb{E}_w^{(i)}[\ ] = \frac{\mathbb{E}_w[(\ )p(X_i|w)^{-\beta}]}{\mathbb{E}_w[p(X_i|w)^{-\beta}]} \tag{6.23}$$

と表すことができる。したがって式 (6.20) より

$$C_n = -\frac{1}{n}\sum_{i=1}^n \log \frac{\mathbb{E}_w[\,p(X_i|w)^{1-\beta}\,]}{\mathbb{E}_w[\,p(X_i|w)^{-\beta}\,]}.$$

経験損失のキュムラント母関数の定義 9 から

$$C_n = \mathcal{T}_n(-\beta) - \mathcal{T}_n(1-\beta).$$

平均値の定理より $0 < \beta^*, \beta^{**} < \beta$ が存在して

$$\mathcal{T}_n(-\beta) = -\beta \mathcal{T}_n'(0) + \frac{\beta^2}{2}\mathcal{T}_n''(0) - \frac{\beta^3}{6}\mathcal{T}_n^{(3)}(0) + \frac{\beta^4}{24}\mathcal{T}_n^{(4)}(\beta^*),$$

$$\mathcal{T}_n(1-\beta) = (1-\beta)\mathcal{T}_n'(0) + \frac{(1-\beta)^2}{2}\mathcal{T}_n''(0)$$
$$+ \frac{(1-\beta)^3}{6}\mathcal{T}_n^{(3)}(0) + \frac{(1-\beta)^4}{24}\mathcal{T}_n^{(4)}(\beta^{**}).$$

6.3 クロスバリデーション

対数尤度比関数が相対的に有限な分散をもつから定理 11 より $\mathcal{T}_n(\beta)$ の k 次微分 $(k \geq 2)$ は $1/n^{k/2}$ オーダーの確率変数である。したがって

$$C_n = -\mathcal{T}_n'(0) + \frac{2\beta-1}{2}\mathcal{T}_n''(0) - \frac{3\beta^2-3\beta+1}{6}\mathcal{T}_n^{(3)}(0) + O_p\Big(\frac{1}{n^2}\Big).$$

一方

$$W_n = T_n + \frac{\beta}{n}V_n = -\mathcal{T}_n(1) + \beta\mathcal{T}_n''(0)$$

であるから

$$W_n = -\mathcal{T}_n'(0) + \frac{2\beta-1}{2}\mathcal{T}_n''(0) - \frac{1}{6}\mathcal{T}_n^{(3)}(0) + O_p\Big(\frac{1}{n^2}\Big).$$

以上によって証明された。（証明終）

注意 65

(1) この証明の方法を用いるとつぎのことがわかる。対数尤度比関数が相対的に有限な分散をもたなくても，もしも $\mathcal{T}_n(\beta)$ の高次微分についての評価ができれば，クロスバリデーションと WAIC の差は，その評価分以下の値である。一般的に対数尤度比関数が相対的に有限な分散をもたない場合には，$\mathcal{T}_n(\beta)$ の k 次微分の n に関するオーダーは $1/n^{k/2}$ とは異なるので，その場合には式 (6.21), (6.22) は微小項のオーダーが修正される必要があるが，それ以外の関係は成立する。

(2) 定理の証明で述べたように

$$C_n = -\frac{1}{n}\sum_{i=1}^n \log \frac{\mathbb{E}_w[\,p(X_i|w)^{1-\beta}\,]}{\mathbb{E}_w[\,p(X_i|w)^{-\beta}\,]}$$

であるから，事後分布が正しく実現されているならば，クロスバリデーション損失の数値を計算するときには，n 通りの $\mathbb{E}_w^{(i)}[\ ]$ を実現する必要はなく，一つの事後分布から計算することができる。

(3) WAIC とクロスバリデーションの漸近等価性はキュムラント母関数を利用することで証明することができた。しかしながら，キュムラント母関

数だけではクロスバリデーションについて解明できないことがある。それは，すでに示したように $\beta = 1$ であれば

$$G_n - L(w_0) + W_n - L_n(w_0) = \frac{2\lambda}{n} + o_p\left(\frac{1}{n}\right)$$

が成り立つことから，クロスバリデーション損失についても $\beta = 1$ であれば

$$G_n - L(w_0) + C_n - L_n(w_0) = \frac{2\lambda}{n} + o_p\left(\frac{1}{n}\right)$$

が成り立つということである。これより，クロスバリデーション損失の分散は汎化損失の分散と漸近的に同じであることがわかった。このことは 4 章の理論があって初めてわかることである。

注意 66 一方，クロスバリデーションを考えることで，WAIC についてさらに精密なことがわかる。$\beta = 1$ のとき漸近展開

$$\mathbb{E}[G_n] = \frac{\lambda}{n} + \cdots +$$

が成り立つので

$$\mathbb{E}[G_{n-1}] - \mathbb{E}[G_n] = \frac{\lambda}{n^2} + \cdots +$$

である。一方，上記の定理から $\beta = 1$ のとき

$$\mathbb{E}[G_{n-1}] = \mathbb{E}[C_n] = \mathbb{E}[W_n] + O\left(\frac{1}{n^2}\right)$$

であるから，$\beta = 1$ のとき

$$\mathbb{E}[G_n] = \mathbb{E}[W_n] + O\left(\frac{1}{n^2}\right)$$

である。すなわち WAIC の平均値と汎化損失の平均値の差は $\beta = 1$ のとき $1/n^2$ オーダーである。このように考えるとクロスバリデーションと WAIC は非常に似ているといえるのであるが，実際の問題では WAIC のほうがクロスバリデーションよりも安定していて，ゆらぎが小さいことが多い。

例 26 $x, y \in \mathbb{R}^3$ としてつぎの確率モデルを考えよう。

$$p(x,y|w) = \frac{s(x)}{\sqrt{(2\pi\sigma^2)^{3/2}}} \exp\left(-\frac{\|y - R_H(x,w)\|^2}{2\sigma^2}\right). \tag{6.24}$$

ここで $\sigma = 0.1$ であり $s(x)$ は平均 0 分散共分散行列が $4I$ (I は単位行列) の正規分布である。関数 $R_H(x,w)$ を

$$R_H(x,w) = \sum_{h=1}^{H} a_h \tanh(b_h \cdot x) \tag{6.25}$$

と定義する (実験では $H = 3$ とした)。パラメータは

$$w = \{(a_h \in \mathbb{R}^3,\ b_h \in \mathbb{R}^3)\,;\ h = 1, 2, ..., H\} \in \mathbb{R}^{6H} \tag{6.26}$$

である。対数尤度比関数は

$$f(x,y,w) = \frac{1}{2\sigma^2}\Big\{\|y - R_H(x,w)\|^2 - \|y - R_H(x,w_0)\|^2\Big\}. \tag{6.27}$$

事前分布 $\varphi(w)$ としては平均 0 分散共分散行列が $10^2 I$ の分布 $\mathcal{N}(0, 10^2 I)$ を用いた。サンプル数は $n = 200$ とし,100 セットのサンプルを独立に生成して 100 回の独立な統計的推測の実験を行った (**表 6.1**)。逆温度を $\beta = 1$ とした。記号の意味はつぎのとおりである。

(a) 汎化誤差 $G = G_n - L(w_0)$
(b) 経験誤差 $T = T_n - L_n(w_0)$
(c) クロスバリデーション誤差 $CV = C_n - L_n(w_0)$
(d) 広く使える情報量規準 $WAIC = W_n - L_n(w_0)$
(e) 偏差情報量規準 $DIC1 = DIC_1 - L_n(w_0)$
(f) 修正された偏差情報量規準 $DIC2 = DIC_2 - L_n(w_0)$
(g) 汎化誤差とクロスバリデーション誤差の和 $G + CV$

表 6.1　平均値と分散

	G	T	CV	WAIC	DIC1	DIC2	$G+CV$
AVR	0.026 4	−0.051 1	0.029 8	0.027 8	−35.107 7	0.041 5	0.056 2
STD	0.012 0	0.016 5	0.013 7	0.013 4	19.135 0	0.023 5	0.007 1

また記号 AVR と STD は，それぞれの量の平均値と標準偏差を示している．なお，以上のことから $\lambda, \nu(1), \nu'(1)$ を推測するとおおよそ

$$\lambda \approx 5.6, \quad \nu(1) \approx 7.9, \quad \nu'(1) \approx 3.6$$

である．双有理不変量 λ と ν は $d/2 = 9$ からずれている．重要なこととしてクロスバリデーションと WAIC の分散は経験誤差の分散より小さいということがある．すなわち V_n はサンプル数が増えても定数に確率収束するとはかぎらないが，そのことにより $W_n = T_n + \beta V_n/n$ の分散は T_n の分散より小さくなっている．このことから，V_n のゆらぎは WAIC のゆらぎが小さくなるように機能していることがわかる．もしも V_n を平均値などの定数で置き換えると，W_n の分散はかえって大きくなる．なお，事後分布が正規分布で近似できない場合であっても，汎化誤差，WAIC，およびクロスバリデーションの間に，このような関係が成り立つことはベイズ法の大きな特長の一つであるといってよい．他の推測法ではこのような法則は一般には成り立たないものと思われる．

6.4 統計的検定

6.4.1 ベイズ検定

ここではベイズ推測において二つの事前分布についての検定を行うという問題を考えよう．ベイズ検定の問題は分配関数の比，あるいは自由エネルギーの差を考察する問題になることがわかる．

サンプルを $\mathbb{R}^N$ に値をとる確率変数とする．パラメータの集合を $W \subset \mathbb{R}^d$ とする．集合 W 上に二つの確率分布 $\varphi_0(w)$ と $\varphi_1(w)$ が用意されているとしよう．この節ではつぎのことを仮定する．

1. パラメータ w はある確率分布 $\varphi(w)$ に従う確率変数である．
2. w が確定された後，既知の確率分布 $p(x|w)$ に従ってサンプル $X_1, X_2, ..., X_n$ が得られる．

6.4 統計的検定

パラメータが従う確率分布が φ であるときにサンプル X^n が集合 $A \subset (\mathbb{R}^N)^n$ に入る確率を

$$P(A|\varphi) = \int_A dx_1 dx_2 \cdots dx_n \int \varphi(w) dw \prod_{i=1}^n p(x_i|w)$$

と定義する。二つの確率分布 $\varphi_0(w)$ と $\varphi_1(w)$ が固定されているとき

1. 帰無仮説（N.H.）："w は $\varphi_0(w)$ から発生した。"
2. 対立仮説（A.H.）："w は $\varphi_1(w)$ から発生した。"

についての検定をつくってみよう。ここで「統計的検定をつくる」とは，サンプル X^n が得られたとき，ある関数 $S(X^n)$ と定数 a を用いて

$S(X^n) \leqq a \implies$ 帰無仮説を選ぶ,

$S(X^n) > a \implies$ 対立仮説を選ぶ

とするルールを定めることである。

関数 $S(X^n)$ と定数 a に対して，**有意水準**（レベル）をつぎの確率で定義する。

$$Level(S, a) = P(S(X^n) > a|\varphi_0).$$

これは，帰無仮説が正しいときに対立仮説が選ばれる確率である。通常はこの確率が十分小さくなるように統計的検定を設計する。例えば $Level(S, a) = 0.05$ あるいは $L(S, a) = 0.01$ のようにすることが多い。実際の問題で検定をつくるためには，有意水準の値 $\epsilon > 0$ が与えられたときに，$Level(S, a) = \epsilon$ となるような集合 X^n の範囲（**棄却域**）を定める必要がある。

一方，対立仮説が正しいときに対立仮説が選ばれる確率

$$Power(S, a) = P(S(X^n) > a|\varphi_1)$$

のことを**検出力**（パワー）という。有意水準が小さく，かつ検出力が大きいほど優れた検定であるが，この二つは同じ集合に対する確率であって一方が大きくなれば他方も大きくなるから，有意水準を無制限に小さくし検出力を無制限に大きくすることはできない。

関数 $S(\ )$ と定数 a との組 (S,a) によって検定の方法が一つ定まる。二つの検定 S_1 と S_2 について

$$Level(S_1,a_1) = Level(S_2,a_2) \Longrightarrow Power(S_1,a_1) \geqq Power(S_2,a_2)$$

が成り立つとき，検定 S_1 は S_2 よりも強力であるという。任意の検定よりも強力な検定が存在するならば，その検定を**最強力検定**という。帰無仮説と対立仮説が確率分布で与えられる場合には，最強力検定が存在して，それは分配関数の比で与えられることを示すことができる。

定理 25 つぎの検定は最強力検定である。

$$L(X^n) \equiv \frac{\int dw\, \varphi_1(w) \prod_{i=1}^{n} p(X_i|w)}{\int dw\, \varphi_0(w) \prod_{i=1}^{n} p(X_i|w)}. \tag{6.28}$$

(証明) $S(\ )$ を任意の検定とする。検定 $L(\ )$ と同じレベルをもつように定数 a,b を定める。ただし $L(X^n)$ は非負値なので $b \geqq 0$ である。

$$P(L(X^n) > b|\varphi_0) = P(S(X^n) > a|\varphi_0). \tag{6.29}$$

この式で二つの検定が同じ有意水準をもつと設定したので，$L(X^n)$ が大きな検出力をもつこと，すなわちつぎの値が非負であることを証明すればよい。

$$P^* \equiv P(L(X^n) > b|\varphi_1) - P(S(X^n) > a|\varphi_1).$$

集合 A, B をつぎのように定義する。

$$A = \{x^n \subset (\mathbb{R}^N)^n\,;\, S(x^n) > a\},$$
$$B = \{x^n \subset (\mathbb{R}^N)^n\,;\, L(x^n) > b\}.$$

すると

$$P^* = \int \varphi_1(w)dw \Big[\int_B - \int_A\Big] \prod_{i=1}^{n} p(x_i|w)dx_i$$

$$= \int \varphi_1(w) dw \Big[\int_{B\cap A^c} - \int_{A\cap B^c}\Big] \prod_{i=1}^n p(X_i|w) dx_i$$

が成り立つ。ここで A^c は A の補集合である。

$$B \cap A^c \subset B, \qquad A \cap B^c \subset B^c$$

を用いると $L(X^n)$ と集合 B の定義から

$$P^* \geq b \int \varphi_0(w) dw \Big[\int_{B\cap A^c} - \int_{A\cap B^c}\Big] \prod_{i=1}^n p(x_i|w) dx_i$$
$$= b \int \varphi_0(w) dw \Big[\int_B - \int_A\Big] \prod_{i=1}^n p(x_i|w) dx_i$$
$$= 0.$$

したがって $L(X^n)$ は最強力検定である。(証明終)

注意 67

(1) 上の定理は，ベイズ検定においては分配関数の比が最強力検定を与えるということを述べている。

(2) 特別な場合として $\varphi_0(w) = \delta(w - w_0)$, $\varphi_1(w) = \delta(w - w_1)$ の場合には

$$L(X^n) = \frac{\prod_{i=1}^n p(X_i|w_1)}{\prod_{i=1}^n p(X_i|w_0)}$$

が最強力検定である。このとき上の定理のことを**ネイマン・ピアソンの補題**という。なお，帰無仮説と対立仮説として確率分布を用いない場合には，一般には最強力検定は存在しない。例えば帰無仮説が w_0 であり対立仮説が $w \neq w_0$ であるとき最尤推定量 $\hat{w}$ を用いた

$$\hat{L}(X^n) = \frac{\prod_{i=1}^n p(x_i|\hat{w})}{\prod_{i=1}^n p(x_i|w_0)}$$

が利用される場合があるが，この検定は最強力検定ではない．特に帰無仮説のパラメータが対立仮説の確率モデルに対して正則でない場合には，$\log \hat{L}(X^n)$ はカイ二乗分布に従わないので通常の統計的検定を適用することはできない．もしも $\log \hat{L}(X^n)$ が従う確率分布が導出できたとすると検定をつくることができるが，そのパワーは弱くなる．

(3) 帰無仮説と対立仮説を確率分布の形で与えれば，二つの仮説をどのように区別するべきかが実質的に一意に定まるのであるが，確率分布の形で与えない場合には，区別の仕方が（対立仮説が確率分布として定まらないために）あいまいになる．このことが最強力検定が一般には存在しないことの理由である．

6.4.2 ベイズ検定の例

具体的な問題でベイズ検定をつくってみよう．特に $\varphi_0(w) = \delta(w - w_0)$ である場合を考える．このとき，経験誤差関数

$$K_n(w) = \frac{1}{n} \sum_{i=1}^n \log \frac{p(X_i|w_0)}{p(X_i|w)}$$

を用いて

$$L(X^n) = \int \exp(-nK_n(w))\, \varphi_1(w)\, dw$$

となる．すでに示したように，ある確率変数 F^R が存在して

$$L(X^n) = \exp(-\lambda \log n + (m-1) \log \log n - F^R)$$

であるが，ベイズ検定をつくるためには確率変数 F^R の確率分布が必要になる．

例 27 以前の例 2 の問題を考えてみよう．$x \in \mathbb{R}^1$ とし，関数 $\mathcal{N}(x)$ を平均 0 で分散が 1 の正規分布とする．すなわち

$$\mathcal{N}(x) = \frac{1}{\sqrt{2\pi}} \exp\left(-\frac{x^2}{2}\right) \tag{6.30}$$

6.4 統計的検定

とする。パラメータ $w = (a, b) \in \mathbb{R}^2$ をもつ確率モデル

$$p(x|w) = (1-a)\mathcal{N}(x) + a\mathcal{N}(x-b) \tag{6.31}$$

について帰無仮説と対立仮説をつぎのように決める。

帰無仮説：$\varphi_0(a, b) = \delta(a)\delta(b)$,

対立仮説：$\varphi_1(a, b)$.

ここで $\varphi_1(a, b)$ はある固定された確率分布である。

$$f(x, a, b) = \log \frac{p(x|0,0)}{p(x|a,b)} = -\log\Big(1 + a\Big(\exp\Big(bx - \frac{b^2}{2}\Big) - 1\Big)\Big)$$

であるから，最強力検定は

$$L(X^n) = \int \exp\Big(-\sum_{i=1}^n f(X_i, a, b)\Big)\varphi_1(a,b)dadb$$

である。以下では条件 $\varphi_1(0,0) > 0$ が成り立つ場合を考えよう。

まず，棄却域を定めてみよう。この例では，特異点は最初から正規交差なので，経験誤差関数は標準形になっている。平均誤差関数は原点の近傍で

$$K(a, b) = -\int \log\Big(1 + a\Big(\exp\Big(bx - \frac{b^2}{2}\Big) - 1\Big)\Big) p(x|0,0)dx$$
$$= \frac{a^2 b^2}{2}(1 + o(1)).$$

また原点の近くでの展開を行うと ab を因数として取り出すことができて

$$\sum_{i=1}^n f(X_i, a, b) = \sum_{i=1}^n -ab(X_i + o_p(1)) \tag{6.32}$$

となる。したがって

$$L(X^n) = (1 + o_p(1)) \int \exp\Big(-\frac{n}{2}a^2 b^2 + \sqrt{n}ab\xi_n\Big)\varphi_1(a,b)dadb.$$

ここで

$$\xi_n = \frac{1}{\sqrt{n}} \sum_{i=1}^n X_i$$

である。ξ を平均 0 分散 1 の正規分布に従う確率変数とすると，n が大きくなるとき，$L(X^n)$ の漸近分布は

$$L^*(\xi) \equiv \int \exp\left(-\frac{n}{2}a^2b^2 + \xi\sqrt{n}ab\right) \varphi_1(a,b) da db$$

の確率分布に近づくことがわかった。以下では簡単のため対立仮説が

$$\varphi_1(a,b) = \begin{cases} \dfrac{1}{4} & (|a| \leq 1,\ |b| \leq 1,\ a \neq 0,\ b \neq 0) \\ 0 & (\text{上記以外}) \end{cases} \tag{6.33}$$

の場合を考えてみよう。

$$\begin{aligned}
L^*(\xi) &= \int_{-1}^{1} dt \int_{[-1,1]^2} dadb \frac{\delta(t-ab)}{4} \exp\left(-\frac{nt^2}{2} + \xi\sqrt{n}t\right) \\
&= \int_{-\sqrt{n}}^{\sqrt{n}} dt \int_{-1}^{1} da \int_{-1}^{1} db \frac{1}{4\sqrt{n}} \delta\left(\frac{t}{\sqrt{n}} - ab\right) e^{-t^2/2 + \xi t}.
\end{aligned}$$

ここで一般的に成り立つ式

$$\int_{-1}^{1} da \int_{-1}^{1} db\, \delta\left(\frac{t}{\sqrt{n}} - ab\right) = -2\log\frac{|t|}{\sqrt{n}}$$

を用いると

$$\begin{aligned}
L^*(\xi) &= \int_{-\sqrt{n}}^{\sqrt{n}} \frac{dt}{2\sqrt{n}} \left(-\log\frac{|t|}{\sqrt{n}}\right) e^{-t^2/2 + \xi t} \\
&= \int_{0}^{\sqrt{n}} \frac{dt}{2\sqrt{n}} \left(-\log\frac{|t|}{\sqrt{n}}\right) e^{-t^2/2 + \xi t} \\
&\qquad + \int_{-\sqrt{n}}^{0} \frac{dt}{2\sqrt{n}} \left(-\log\frac{|t|}{\sqrt{n}}\right) e^{-t^2/2 + \xi t} \\
&= \int_{0}^{\sqrt{n}} \frac{dt}{\sqrt{n}} \left(-\log\frac{|t|}{\sqrt{n}}\right) e^{-t^2/2} \left(\frac{e^{\xi t} + e^{-g\xi t}}{2}\right) \\
&= \int_{0}^{\sqrt{n}} \frac{dt}{\sqrt{n}} \left(-\log\frac{|t|}{\sqrt{n}}\right) e^{-t^2/2} \cosh(\xi t).
\end{aligned}$$

このことを利用すると棄却域を定めることができる。有意水準を ϵ として，平均 0 分散 1 の正規分布 $\mathcal{N}(x)$ を用いて

$$\epsilon = \int_{|x| \leq f(\epsilon)} \mathcal{N}(x) dx$$

が成り立つ値を $f(\epsilon)$ とする。例えば $\epsilon = 0.05$ のとき $f(\epsilon) \approx 1.96$ であり，$\epsilon = 0.01$ のとき $f(\epsilon) \approx 2.58$ である。つぎに関数 $a(\epsilon)$ を

$$a(\epsilon) \equiv \int_0^{\sqrt{n}} \frac{dt}{\sqrt{n}} \Big(-\log \frac{|t|}{\sqrt{n}}\Big) e^{-t^2/2} \cosh(f(\epsilon)\, t)$$

と定義すると，$L(X^n) \geqq a(\epsilon)$ が棄却域である。すなわち検定はつぎのようになる。

$L(X^n) \leqq a(\epsilon) \implies$ 帰無仮説，

$L(X^n) > a(\epsilon) \implies$ 対立仮説.

注意 68 上で示したように，帰無仮説が正しい場合には，$L(X^n) \cong L^*(\xi_n)$ が成り立つから

$$L(X^n) > a(\epsilon) \iff L^*(\xi_n) > a(\epsilon) \iff |\xi_n| > f(\epsilon)$$

である。このことを用いて棄却域を定めることができる。しかしながら，この等価性は帰無仮説が正しいとしたときにだけ成り立つものであることに注意しよう。条件 $|\xi_n| > f(\epsilon)$ には対立仮説が影響していない。現実の問題では帰無仮説が正しいかどうかはわからないので，$L(X^n) > a(\epsilon)$ と $|\xi_n| > f(\epsilon)$ は等価とはかぎらない。最強力検定は $L(X^n) > a(\epsilon)$ である。

6.5 質問と回答

質問 12 ベイズ推測において，クロスバリデーションを定義どおり計算するとすれば，n 通りの事後分布 $\mathbb{E}_w^{(i)}[\ ]$ をつくって

$$C1 = -\frac{1}{n}\sum_{i=1}^{n} \log \mathbb{E}_w^{(i)}[p(X_i|w)] \tag{6.34}$$

です。一方，事後分布が正しいとすると，一つの事後分布 $\mathbb{E}_w[\ ]$ を用いて

$$C2 = -\frac{1}{n}\sum_{i=1}^{n} \log \frac{\mathbb{E}_w[\,p(X_i|w)^{1-\beta}\,]}{\mathbb{E}_w[\,p(X_i|w)^{-\beta}\,]} \tag{6.35}$$

が成り立つことがわかりました．例えば事後分布をマルコフ連鎖モンテカルロ法（MCMC法）などの数値計算によってつくっている場合には，数値計算が原因のゆらぎもありますから $C1 \neq C2$ です．汎化損失を推測するという意味では $C1$ を計算する必要があるのではないでしょうか．

回答 12 現実の問題にベイズ推測を適用する場合に数値計算法が必要になることは多く，数値計算に確率的アルゴリズムが用いられている場合には，そのことが原因のゆらぎやバイアスの問題があります．ただし，それは，サンプルそのもののゆらぎとは原因が異なります．汎化損失の値を推測する場合に，サンプルそのもののゆらぎと数値計算のゆらぎの両方を合わせてクロスバリデーションで推定するという考えは間違ってはいないかもしれませんが，あまり推奨できません．その理由は二つあります．

(1) 数値計算法については実問題に適用する前に十分に調整しておいて，そのことが原因のゆらぎやバイアスは小さくなるようにしておくことが望ましいと思います．統計的推測のソフトウエアは可能なかぎり，サンプルそのもののゆらぎを見ることができることが望まれます．

(2) サンプル n 個と同じ回数の事後分布をつくることは計算量の点で莫大になります．サンプル数が千個で，一つの事後分布をつくるのに一日かかるとすれば千日かかります．

質問 13 ベイズ推測を用いた検定では最強検定が分配関数の比で与えられることからしてもたいへん適切な枠組だと思うのですが，対立仮説 φ_1 に依存して検定が変わってしまいます．検定の実問題では対立仮説がわからない場合が多いと思うのですが，対立仮説をどのように決めたらいいのでしょうか．

回答 13 対立仮説をどのように決めても，帰無仮説が正しいという仮定の下で棄却域が決定されます．したがってその検定によって帰無仮説が棄却された場合には「帰無仮説の下ではサンプルを説明するのには無理があった」ということはわかります．ですから，対立仮説には関心がなく帰無仮説が棄却できるかど

うかを知りたい場合には，原理的にはどのように対立仮説を決めてもよいということになります（もちろん与えられたサンプルに対して対立仮説を適応的に変えてしまっては検定になりません。サンプルを得る前に固定しておく必要があります）。実務的には例27で定めたものと同じように決めることになりやすいと思います。このような対立仮説のつくり方で間違っているわけではありません。しかしながら，検定とは二つの仮説を確率的に比較することですが，そのうちの一方がわからないという状況で物事を比較するということは本来できないことではないでしょうか。つぎの質問に対して答えられる人はいるでしょうか。「あなたはりんごと○○○のどちらが好きですか。ただし○○○が何であるかはわかりません」。

章末問題

【1】 式 (6.34), (6.35) で定義されたクロスバリデーション損失 $C1, C2$, および式 (4.31) で定義された WAIC は，$0 < \beta < \infty$ であればその差は $1/n^{3/2}$ オーダー以下である。では n を固定して $\beta \to \infty$ におけるそれぞれの量の挙動を調べよ。

【2】 $x \in \mathbb{R}^1$, $a \in \mathbb{R}^1$ の確率モデル

$$p(x|a) = \frac{1}{\sqrt{2\pi}} \exp\Bigl(-\frac{(x-a)^2}{2}\Bigr)$$

について帰無仮説 $\varphi_0(a)$ と対立仮説 $\varphi_1(a)$ をそれぞれ

$$\varphi_0 = \delta(a), \qquad \varphi_1 = \frac{1}{\sqrt{2\pi}} \exp\Bigl(-\frac{(a-m)^2}{2}\Bigr)$$

とするとき，最強力検定をつくれ。

7

ベイズ統計の基礎

この章では，統計学を学び始めた人が疑問に思うことが多い基礎的なことを説明する．この章に書かれていることは専門家にとっては自明過ぎることである．しかしながら，初めて統計学を学ぶ人は多かれ少なかれこのような疑問をもっていることが多いため，大学あるいは大学院で講義をされている先生には，言葉にして説明されることをおすすめしたい．

7.1 確率モデルと事前分布がわかっているとき

まず，パラメータ W の<u>真の</u>事前分布 $\varPhi(w)$ とパラメータが与えられたときの X の<u>真の</u>条件付き確率 $P(x|w)$ がわかっている場合を考えよう．パラメータが $\varPhi(w)$ に従って発生し，その後に $P(x|w)$ に従ってサンプル $X^n = (X_1, X_2, ..., X_n)$ が独立に発生しているとしよう．このとき (W, X^n) の同時確率は

$$\varPhi(w)\prod_{i=1}^{n} P(x_i|w)$$

である．したがって，サンプル X^n が与えられたときのパラメータの真の条件付き確率分布は

$$P(w|X^n) = \frac{\varPhi(w)\displaystyle\prod_{i=1}^{n} P(X_i|w)}{\displaystyle\int dw'\, \varPhi(w')\prod_{i=1}^{n} P(X_i|w')} \tag{7.1}$$

である．これは，真の事前分布 $\varPhi(w)$ を事前分布とし，真の確率モデル $P(x|w)$

7.1 確率モデルと事前分布がわかっているとき

を確率モデルとするときのベイズ事後分布である。このことから，自明なことであるかもしれないが，もしも真の確率モデルと真の事前分布の両方がわかっているならば，その確率モデルと事前分布を用いてベイズ推測を行うことが統計的推測として最も自然であるということがわかった。真の予測分布は

$$R(x|X^n) \equiv \frac{\int dw\, \Phi(w) P(x|w) \prod_{i=1}^{n} P(X_i|w)}{\int dw'\, \Phi(w') \prod_{i=1}^{n} P(X_i|w')} \tag{7.2}$$

である。

このことをもう少し定量的に考えてみよう。

サンプル X^n に応じて定まる X の任意の確率分布を $r(x|X^n)$ と表記する。これは任意の統計的推測法を表している。確率分布 $P(x|w)$ から $r(x|X^n)$ までのカルバック・ライブラ情報量は

$$G(w, X^n) = \int dx P(x|w) \log \frac{P(x|w)}{r(x|X^n)}$$

である。この値を (w, X^n) について平均すると

$$\begin{aligned}\mathcal{G}(r) &\equiv \int dw\, \Phi(w)\, E_{X^n}[G(w, X^n)] \\ &= \int dw\, \Phi(w) \prod_{i=1}^{n} \int \Bigl(P(x_i|w) dx_i\Bigr)\, G(w, x^n)\end{aligned}$$

となる。この汎関数は，任意の統計的推測法 $r(x|X^n)$ の推測のよさに関する評価関数である。

定理 26 統計的推測の汎関数 $\mathcal{G}(r)$ は $r(x|X^n) = R(x|X^n)$ のときに限り最小値をとる。

（証明）汎関数 $\mathcal{G}(r)$ は $R(x|X^n)$ の定義式を用いてつぎのように書き直すことができる。

$$\mathcal{G}(r) = \int dw \Phi(w) E_{X^n}\Bigl[\int dx\, R(x|X^n) \log \frac{R(x|X^n)}{r(x|X^n)}\Bigr]$$

$$+ \int dw \Phi(w) \Big[\int dx\, P(x|w) \log P(x|w) \Big]$$
$$- \int dw \Phi(w) E_{X^n} \Big[\int dx\, P(x|w) \log R(x|X^n) \Big].$$

この式の第1項は，$R(x|X^n)$ と $r(x|X^n)$ のカルバック・ライブラ情報量である。第2項と第3項は，$r(x|X^n)$ に依存しないので証明ができた。(証明終)。

注意 69

(1) この定理から，真の確率モデルと真の事前分布によって定義されるベイズ推測よりも平均カルバック・ライブラ情報量を小さくする統計的推測は存在しないことがわかった。

(2) また，このことから，つぎのことが明らかになった。「真の確率モデルあるいは真の事前分布のいずれかが不明な場合において，平均カルバック・ライブラ情報量を小さくするという意味で最適な統計的推測を導出せよ」という問題には，答えは存在しない。

7.2 確率モデルあるいは事前分布がわかっていないとき

ここでは，統計的推測において「当り前過ぎるので説明されないこと」を述べる。初めて統計的推測を学ぶとき，大多数の人が疑問に感じながら通り過ぎるところかもしれない。

(1) 問題が適切に設定されていないため，答えが存在しない，あるいは答えがユニークに定まらない問題のことを**不良設定問題**という。例えば，「x に関する方程式 $ax = b$ を解け。ただし定数 a, b は不明である」という問題は不良設定問題である。不良設定問題は入学試験で出題されることはないかもしれないが，現実の世界では不良設定問題は珍しいものではない。むしろ現実の世界においてはすべての問題が度合いの違いこそあれ不良設定であるといえる。不良設定問題に対しては正当な答えというものは存在しない。まずは不良設定問題というものがあることを知るこ

7.2 確率モデルあるいは事前分布がわかっていないとき

とが大切である。

(2) 統計的推測においては,真の確率モデルがわかっていたとしても,真の事前分布がわかっていることは珍しいケースに属する。また確率モデルについてもその確率モデルが真の確率モデルかどうかわからないことが多い。したがって現実の問題においては「統計的推測は,ほとんどが不良設定問題である」ということを私たちは,はっきりと認識する必要がある。不良設定問題に対して答えを得るためには統計的推測を行う人がなんらかの選択を行う必要がある。その際には「この統計的推測は,この選択を行った結果得られたものなのだ」と自覚することが大切であり,選択したことに気づかなかったり,選択したことを隠したり,選択したものを正当化することは事態を混乱させるだけである。

(3) 統計的推測を行うとき,選択される候補としてさまざまなものがある。ある事前分布を用いてベイズ推測することも,事後確率最大化推測を行うことも,最尤推測を用いることも,もっと別の方法を使うことも,いずれも,不良設定問題に対して選択される可能性のある解決法の一つである。いずれが選択されたとしても,その選択には正当性はない。

(4) それでは,どんな方法を使っても同じなのか,といえば,もちろんそうではない。選択した方法の精度について調べたり比較したりできることはありうる。選んだものを評価することができる場合もありうる。比較のうえでより精度がよいと期待される方法を使うことを推奨することができる場合がある。そうしたことができるようになる理論と方法の基盤をつくることが,統計学という学問の目的の一つであるといってもよい。

(5) 一般に考察しようとしている問題において,不良設定の度合いが強いほどベイズ推測が有効になることが多い。3 章で述べたように事後分布が正規分布で近似できる場合には考察している問題の不良設定の度合いは弱いので,どのような推測方法を用いても推測の精度はあまり変わらない。こうした場合には演算量の少ない方法の選択を推奨することもあるだろう。しかしながら,4 章で述べたように事後分布が正規分布で近似

できないようなケースになるとベイズ法の有効性が現れてくる。これは専門家には定性的に予想されたことであると思われるが，理論をつくった結果として定量的に解明されたことでもある。不良設定の度合いが強い問題に対しては，ベイズ法を選択することを推奨しよう。

(6) こうして，統計的推測とは多くの場合に

「答えは存在しない→方法の選択→理論あるいは実験による評価」

という形をとることになる。統計的推測を学び始めた人が，しばしば

「哲学・思想・原理→演繹的な導出→絶対的な推測」

を求めたくなる場合があるが，統計的推測においては，そうしたものは存在しないのである。

(7) 以上のことは統計学を学んだことがある人には当り前のことであるように思われるが，このことを初めて統計学を学ぶ人に説明することは案外難しいことである。学生のとき，答えのある問題ばかりを習っているからだろうか。

例 28 (不良設定問題の例) 具体的な例で考えてみよう。問題「平均が a_0 で分散が 1 の正規分布があり，その正規分布に従うサンプル $x_1, x_2, ..., x_n$ が得られたとき，サンプル平均を

$$\hat{a} = \frac{1}{n} \sum_{i=1}^{n} x_i$$

と定義する。真の平均 a_0 が集合

$$A = \left\{ a \, ; \, |a - \hat{a}| < \frac{2}{\sqrt{n}} \right\}$$

の中にある確率を求めよ」。この問題は不良設定問題の典型的な例である。真のパラメータ a_0 が与えられた下での $\hat{a}$ の分布を求めることはできる。それは，平均が a_0 で分散が $1/n$ の正規分布である。

7.2 確率モデルあるいは事前分布がわかっていないとき

$$p(\hat{a}|a_0) = \mathcal{N}\left(a_0, \frac{1}{n}\right).$$

したがって，真の平均 a_0 が与えられたとき，不等式

$$a_0 - \frac{2}{\sqrt{n}} < \hat{a} < a_0 + \frac{2}{\sqrt{n}} \tag{7.3}$$

が成り立つ確率は

$$\frac{1}{\sqrt{2\pi}} \int_{-2}^{2} \exp\left(-\frac{x^2}{2}\right) dx \cong 0.95$$

と求められる．しかしながら，これは「a_0 が与えられたときの $\hat{a}$ の確率」を求めたにすぎず，「$\hat{a}$ が与えられたときの a_0 の確率」を求めたのではない．したがって「サンプルが与えられたとき $a_0 \in A$ となる確率」を求めることはできない．どうしても無理を承知でその確率を定めなくてはならない場合には，a_0 についてのなんらかの事前分布を選択するか，「$p(a_0|\hat{a}) = p(\hat{a}|a_0)$」であることを仮定するという選択をするか，あるいはそれに類する選択を行う必要がある．「まったくなにも選択していないのに確率が求められた」という主張は正しくない．「なんらかの哲学・思想・原理からこの確率が求められた」という主張も正しくない．

例 29 $x \in \mathbb{R}^N$ 上の混合正規分布

$$p(x|w) = \sum_{k=1}^{K} \frac{a_k}{(2\pi\sigma^2)^{N/2}} \exp\left(-\frac{\|x-b_k\|^2}{2\sigma^2}\right)$$

を考えてみよう．ここで $\{a_k, b_k, \sigma\}$ がパラメータである．こうした確率モデルを用いた統計的推測においても，さまざまな推測の方法が選択の対象になりうる．その中のどの方法も正当性をもってはいない．しかしながらこのように構造をもつ確率モデルにおいては，最尤推測や事後確率最大化推測は推定量が発散したり，大きな汎化損失をもつという性質があるため，「推定量が発散しないほうがよい」という評価や，「汎化損失が小さいほうがよい」という評価を採択するならば，ベイズ推測を推奨するべきであろう．また事前分布について，例

えば混合比の事前分布に変分ベイズ法の紹介で述べたディリクレ分布，定義25を用いるのであれば，ハイパーパラメータに応じて推測結果が相転移をもつことを事前に知っているべきであろう。

7.3 確率モデルと事前分布

以上で述べたように確率モデルと事前分布の定め方には正当な方法というものはない。しかしながら「正当な方法がないという理由で，確率モデルと事前分布の設計のすべてを個々人の責任ある選択の問題に帰着する」のでは，参考とするものがなくなってしまう。そこで，この節では，これまでに知られているさまざまな知見から推奨される方法について述べる。

以下に述べることは，あくまでも本書が書かれた時点における統計学の理論と方法に基づく推奨なのであって，統計学の理論と方法が発展していけば，もっと推奨される方法がつくられていくと思われる。したがって，こうした推奨を正当化したり教条化したりすることは非常に望ましくない。あくまでも参考かつ推奨なのである。

7.3.1 指数型分布について

正規分布や多項分布のような指数型の分布が確率モデルであるとき，それらの分布は統計学的に非常によい性質をもっているので，最尤推定でも，事後確率最大化推定でも，ベイズ推測でも，どの方法を使っても，推測結果には大きな違いはない。推測されるパラメータの次元が小さければ事前分布を用いなくても，それほど問題はないだろう。ただし推測されるパラメータの次元が非常に大きい場合にはベイズ推測の有効性が見られるときがある。事前分布を使う場合にも，できるかぎり局所性のないものがよいように思われる。注意しなくてはならない点は，指数型分布のように性質のよい分布で起こる確率的現象について理解したことがあっても，それを一般の統計的推測に敷衍することはで

7.3.2 線形回帰モデル

線形独立な関数 $\{e_k(x)\}$ とパラメータ $\{a_k\}$ をもつ確率モデルを考える。

$$Y = \sum_{k=1}^{K} a_k e_k(x) + 雑音.$$

このモデルも 3 章で紹介した行列 J が正則であれば，どのような推測法を使ってもそれほど大きな違いはない。ただし，K が大きくなったり，行列 J の固有値の中に小さいものがある場合には不良設定の度合いが高まってくるのでベイズ推測が有効である。事前分布は十分大きなコンパクト集合上の一様分布か，あるいは十分大きな分散をもつ正規分布のようなものが適すると思われる。

7.3.3 構造をもつ確率モデル

混合正規分布，神経回路網，ベイズネットワークなど構造をもつ確率モデルは広く使われている。そのような確率モデルの場合には，パラメータの個数がそれほど多くない場合でも，事後分布は正規分布で近似できないことが多いため，最尤推測，事後確率最大化推測は適切ではなく，ベイズ推測が適している。

最尤推測や事後確率最大化推測を行う場合には経験損失関数を最急降下法などを用いて最小化することが多いと思われるが，本当に最小化を行うと予測が悪化するため，最急降下法を途中で停止する必要がある。最尤推定量を EM アルゴリズムを用いて探索する場合も，本当に最尤推定量を見つけると発散しているか精度のよい予測ができなくなることが多いので，パラメータ領域を限定して探すなどの工夫が必要である。いずれの場合にもベイズ推測と類似する工夫が必要になるのである。なお，構造のある確率モデルに最尤推測や事後確率最大化法を適用した場合には，事後分布が正規分布に近いかどうかを知る手段がないので，最尤推定量あるいは事後確率最大化推定量の情報だけで確率モデルや事前分布のよさを評価することはできない。

ベイズ推測を行う場合には考察しているモデルの相転移構造を解明したうえ

で目的に適すると思われるハイパーパラメータを用いることが望ましいが，それが困難である場合には，十分大きなコンパクト集合上の一様分布か，あるいは十分大きな分散をもつ正規分布であればそれほど大きな問題は生じない．こうした確率モデルでは事前分布をなにするかという影響よりもベイズ推測をするかどうかの影響のほうが大きく，事前分布は局所性の少ないものであれば，工夫を凝らさなくても大丈夫であることが少なくない．

　構造のある確率モデルにベイズ推測を適用すると確率モデルが真の分布に対して冗長であっても汎化損失はあまり大きくならない．これは汎化損失の増大を抑えながら複雑なモデルを活用できるという意味でベイズ推測の長所であるが，自由エネルギーや WAIC も汎化損失と同様に増大する割合が少ないので，自由エネルギーや WAIC を見ることで小さいモデルを選びたいという目的には適していない．そのような目的のためにはジェフリーズの事前分布が適しているが，ジェフリーズの事前分布は，ある特定のモデルがぴったりと真のモデルであるという特殊な場合以外には適していないことに注意する必要がある．

7.3.4　ハイパーパラメータの最適化

　事後分布が正規分布で近似できない場合でも，自由エネルギーと WAIC をモニターしながらハイパーパラメータを最適化することができる．あるいは確率モデルの選択を行うことができる．ただし，ハイパーパラメータの制御に伴う事前分布の自由度が高過ぎると，事後分布が最尤推定量の上でだけ零でないデルタ関数になってしまうことがある．この意味で自由エネルギーと WAIC は万能ではない．事前分布の制約条件には注意をする必要がある．

　自由エネルギーの最小化は汎化損失の最小化と等価ではない．WAIC は平均的には汎化損失そのものを見る量であるが，確率的に揺れている．したがってどちらの量も，数学的性質からすれば，その量を最小化すれば必ず予測精度が向上するというものではない．しかしながら，どちらの量も確率モデルと事前分布の適切さを測る指標になるという意味で重要な量である．

7.4 質問と回答

質問 14 最尤推測は事前分布を使わないので,あいまい性のない方法であり,最尤推測には不良設定の問題はなく最尤推測こそ絶対的な推測方法であると思います。

回答 14 そうではありません。例 28 でも述べたことですが別の説明をしましょう。尤度関数

$$\prod_{i=1}^{n} p(X_i|w)$$

は,「パラメータが与えられた下でのサンプルの確率分布」です。「サンプルが与えられた下でのパラメータの確率分布」ではありません。尤度を大きくするパラメータには必然性はありません。最尤推測は,不良設定の問題において「必然性はないが最尤推定量を使うことにする」ということを選んだのであって,それは不良設定問題に対する一つの選択であり,「ある事前分布を使うことにする」という選択と,選択したという点では同じです。

質問 15 7 章には「統計的推測は不良設定問題であるから,最良の方法というものは存在しない。どのような方法を使うかは選択の問題であり,選択のよさについて評価ができるだけである」と書かれています。統計的推測において,絶対的な推測方法を探究することはできないのでしょうか。

回答 15 できないと思います。試験では答えのある問題しか出題されませんが,現実の問題は不良設定であることがほとんどです。まずは答えが存在しない問題,あるいは答えが定まらない問題があることを認識しましょう。「不良設定という自然」に正面から向き合える精神力をつけましょう。そして自分の採用したものがあくまでも選択である(多くのものの中の一つである)ということを受容できるようになりましょう。できるだけ客観的にそれを評価しましょう。

統計的推測が拠って立てる場所は，そうしたことができたうえで初めて見つけることができるものなのであり，絶対的な推測方法を探しているかぎり，統計的推測を行うことはできないと思います。

章 末 問 題

【1】 ベイズ推測を行うとき，事前分布をどのように設計するかを心配する人は多いのであるが，確率モデルが正しいかどうかを心配する人は少ない。統計的推測に及ぼす影響は事前分布よりも確率モデルのほうが大きいにもかかわらず，なぜ，そのように考える人が多いのだろうか。

【2】 事後確率最大化推測とベイズ推測では，同じ事前分布を用いていたとしても統計的推測の方法としてはまったく異なる。しかしながら，事後確率最大化推測とベイズ推測はほとんど同じであると感じている人が多い。なぜなのだろうか。

8

初等確率論の基礎

　ここでは初等確率論の概念と用語をまとめる。本書を読んでいて知らない言葉に出会った場合には定義を確認していただきたい。物理学・化学・生物学・地球科学・天文学などの自然科学を学んでいる人は「条件付き確率」と「カルバック・ライブラ情報量」については初めて出会う人もあると思う。なお，本書ではルベーグ測度論を仮定しない。

8.1 確率分布と確率変数

　有限次元のユークリッド空間 $\mathbb{R}^N$ の元 $x = (x_1, x_2, .., x_N)$ の関数 $q(x) \geq 0$ が

$$\int q(x)dx \equiv \int dx_1 \int dx_2 \cdots \int dx_N \ q(x_1, x_2, ..., x_N) = 1$$

を満たすとき，$q(x)$ を**確率分布**あるいは**確率密度関数**という。集合 $A \subset \mathbb{R}^N$ について

$$Q(A) = \int_A q(x)dx$$

の値のことを確率分布 $q(x)$ の下での集合 A の確率と呼ぶ。関数 $Q(\ )$ のことも確率分布という。$\mathbb{R}^N$ の上にランダムに値をとる変数 X を「$\mathbb{R}^N$ に値をとる**確率変数**」という。「$X \in A$ となる確率」すなわち「X の値が A の中に入る確率」が $Q(A)$ であるとき，「確率変数 X の確率分布は $q(x)$ である」あるいは「確率変数 X の確率分布は Q である」という。「確率変数 X は確率分布 $q(x)$ に従う」と表現されることもある。

注意 70

(1) 数学では $Q(\ )$ のことを確率分布といい，$q(x)$ を確率密度関数というが，自然科学では $q(x)$ のことも確率分布ということが多いので，本書でも $q(x)$ を確率分布と呼ぶことにした。本書の範囲ではこの両者を混同することはほとんどないと思われる。

(2) 上記の定義では「ランダムに値をとる」ということがなにを意味しているのかが述べられていない。「ランダムとはなにか」ということは初等確率論では説明されないことであり，ここは読者の直感に委ねられている。ルベーグ積分論に基づく確率論を学ぶと「ランダムに値をとる」ということを定義しなくても確率変数を定義することができるようになる。しかしながら「ランダムとはなにか」ということはわからない。

(3) 二つの確率変数 X と Y がつねに同じ値をとるとき，「X と Y は等しい」といい，$X = Y$ と書く。確率変数 X と Y が等しいとき X と Y は等しい確率分布をもつ。しかしながら，X と Y が等しい確率分布をもっていても X と Y は一般には等しい確率変数ではない。

例 30 確率分布の例をあげる。

(1) 平均 $a \in \mathbb{R}^N$ 分散共分散行列 Σ の**正規分布**を

$$q(x) = \frac{1}{(2\pi)^{N/2} \det(\Sigma)^{1/2}} \exp\left(-\frac{(x-a)\Sigma^{-1}(x-a)}{2}\right)$$

と定義する。

(2) 確率 1 で $X = a$ となる確率変数の確率分布を $\delta(x-a)$ で表す。ここで $\delta(x)$ は**デルタ関数**であり，無限回微分できる任意の関数 $f(x)$ について

$$\int \delta(x) f(x) dx = f(0)$$

を満たすものである。

(3) X の確率分布が $q(x)$ のとき，$Y = f(X)$ によって定義される確率変数 Y の確率分布 $p(y)$ は

$$p(y) = \int \delta(y - f(x))q(x)dx \tag{8.1}$$

である。

8.2 平均と分散

$\mathbb{R}^N$ に値をとる確率変数 X の確率分布を $q(x)$ とする。$\mathbb{R}^N$ から $\mathbb{R}^M$ への関数 $f(x)$ が与えられたとき,確率変数 $f(X)$ の**平均**を

$$\mathbb{E}[f(X)] \equiv \int f(x)q(x)dx$$

と定義する。積分している確率変数を明記したいときには $\mathbb{E}_X[f(X)]$ と書く。また**分散共分散**を

$$\mathbb{V}[f(X)] \equiv \mathbb{E}[(f(X) - \mathbb{E}[f(X)])(f(X) - \mathbb{E}[f(X)])^T]$$
$$= \mathbb{E}[f(X)f(X)^T] - \mathbb{E}[f(X)]\mathbb{E}[f(X)^T]$$

と定義する。ここで T は転置を表す。上記の積分 $\mathbb{E}[f(X)]$ あるいは $\mathbb{V}[f(X)]$ は有限であるとはかぎらない。有限でないときは平均あるいは分散は定義されない。平均操作について $\alpha \geqq 1$ のとき任意の関数 $f(x)$ について

$$\mathbb{E}[\|f(X)\|] \leq \mathbb{E}[\|f(X)\|^\alpha]^{1/\alpha}$$

が成り立つ。これを**ヘルダーの不等式**という。

注意 71

(1) $\mathbb{R}^N$ の部分集合 A が**凸集合**であるとは,A の中の任意の 2 点を結ぶ線分が A に含まれていることをいう。

(2) 集合 A が凸であれば,集合 A に値をとる確率変数の平均値は集合 A に含まれている。しかしながら,A が凸でないときには,A に値をとる確率変数の平均値は A に含まれているとはかぎらない(例:ベイズ事後分布によるパラメータの平均は,真のパラメータの近くにあるとはかぎらない)。

8.3 同時分布と条件付き確率

二つの確率変数 X と Y があるとき，その組 (X,Y) を一つの確率変数と考えることができる．確率変数 (X,Y) の確率分布が $p(x,y)$ であるとき $p(x,y)$ を**同時確率分布**という．**周辺確率分布**を

$$p(x) = \int p(x,y)dy, \qquad p(y) = \int p(x,y)dx$$

と定義すると，X の確率分布は $p(x)$ であり，Y の確率分布は $p(y)$ である．X が与えられたときの Y の**条件付き確率分布**を

$$p(y|x) = \frac{p(x,y)}{p(x)}$$

と定義する．$p(y|x)$ と書いたとき，後ろの変数 x が条件部であり，前の変数 y が注目している変数である．$p(y|x)$ は $p(x)=0$ となる x に対しては定義されない．物理学では条件付き確率を $p(x \to y)$ と表記する場合がある．$p(y|x)$ は x をパラメータとする y の確率分布であると考えてよい．y について積分すると1であるが，x について積分しても1になるとはかぎらない．同様に Y が与えられたときの X の条件付き確率分布は

$$p(x|y) = \frac{p(x,y)}{p(y)}$$

である．以上の定義から**ベイズの定理**と呼ばれる式

$$p(x,y) = p(y|x)p(x) - p(x|y)p(y)$$

が成り立つ．同時確率分布が条件

$$p(x,y) = p(x)p(y)$$

を満たすとき，確率変数 X と Y は**独立**であるという．X と Y が独立であれば，$p(y|x) = p(y)$ および $p(x|y) = p(x)$ が成り立つ．3個以上の確率変数についても条件付き確率や独立性は同様に定義される．

$X = x$ のときの Y の平均値を

$$\mathbb{E}[Y|x] = \int y\, p(y|x) dy$$

と書く。これは x の関数であるが y の関数ではない。この関数を x から y への**回帰関数**という。関数 $y = f(x)$ が与えられたとき，その二乗誤差を表す汎関数を

$$\mathbb{E}[(Y - f(X))^2] = \int\int (y - f(x))^2 p(x,y) dx dy$$

とすると，これは $f(x) = \mathbb{E}[Y|x]$ のときに最小になる。$\mathbb{E}[(Y - f(X))^2]$ は x から y を予測したときの二乗誤差であり，y から x を予測したときの二乗誤差ではない。x から y への回帰関数と y から x への回帰関数

$$y = \mathbb{E}[Y|x], \quad x = \mathbb{E}[X|y]$$

は一般にはたがいに逆関数ではない。

注意 72 例をあげる。同時確率分布を

$$p(x,y) = \frac{1}{\pi} \exp(-2x^2 - 2xy - y^2)$$

とする。このとき周辺分布は

$$p(x) = \frac{1}{\sqrt{\pi}} \exp(-x^2), \quad p(y) = \frac{1}{\sqrt{2\pi}} \exp\left(-\frac{y^2}{2}\right)$$

であり，条件付き確率分布は

$$p(y|x) = \frac{1}{\sqrt{\pi}} \exp(-(y-x)^2), \quad p(x|y) = \sqrt{\frac{2}{\pi}} \exp\left(-2\left(x - \frac{y}{2}\right)^2\right)$$

である。回帰関数は

$$y = \mathbb{E}[Y|x] = x, \quad x = \mathbb{E}[X|y] = \frac{y}{2}$$

である。$y = \mathbb{E}[Y|x]$ を使って $y = 1$ に対応する値は $x = 1$ であるが，$x = \mathbb{E}[X|y]$ を使って $y = 1$ に対応する値は $x = 1/2$ である。y の値が与えられたとき $p(y|x)$ を最大にする x は逆推論としては意味がないことに注意しよう。

8.4　カルバック・ライブラ情報量

$\mathbb{R}^N$ 上に二つの確率分布 $q(x), p(x)$ があるとき

$$D(q||p) = \int q(x) \log \frac{q(x)}{p(x)} dx$$

のことを**カルバック・ライブラ情報量**あるいは**相対エントロピー**という。

$$F(t) = t + e^{-t} - 1 \quad (-\infty < t < \infty)$$

とおくと $F(t) \geqq 0$ で $F(t) = 0 \Leftrightarrow t = 0$ であり

$$D(q||p) = \int q(x) F\left(\log \frac{q(x)}{p(x)}\right) dx$$

であるからつぎが成り立つ。

(1) 任意の $q(x), p(x)$ について $D(q||p) \geqq 0$ である。

(2) $D(q||p) = 0$ となるのは $q(x) = p(x)$ のときに限る。

(3) $q(x) \approx p(x)$ のとき

$$D(q||p) \cong \frac{1}{2} \int q(x)(\log q(x) - \log p(x))^2 dx \tag{8.2}$$

が成り立つ。ここで $t \approx 0$ で $F''(t) \cong t^2/2$ を用いた。

注意 73

(1) 確率分布 $q(x)$ から得られたサンプルを確率分布 $p(x)$ に対応する符号化法を用いて圧縮するとき，$p(x)$ は $q(x)$ とは異なるので，符号長が最短の場合よりも長くなる。その長くなった分がカルバック・ライブラ情報量である。

(2) カルバック・ライブラ情報量は $q(x)$ と $p(x)$ について対称ではないが，$q(x)$ が情報源を表し $p(x)$ が情報受理装置を表すので，対称でないことが自然である。

(3) 与えられた $q(x)$ に対して $D(q||p)$ を最小にする $p(x)$ を見つけたいという課題が統計的推測であり情報源符号化である。与えられた $p(x)$ に対して $D(q||p)$ を最小にする $q(x)$ を見つけたいという課題が平均場近似である。

8.5 極 限 定 理

8.5.1 確率変数の収束

$\mathbb{R}^N$ に値をとる確率変数の列 $\{X_n\}_{n=1}^{\infty}$ が定数 c に**確率収束**するとは, 任意の $\epsilon > 0$ について

$$\|X_n - c\| < \epsilon$$

となる確率が 1 に収束することである。また $\{X_n\}_{n=1}^{\infty}$ が確率変数 X に**法則収束**するとは, X_n の確率分布が $q_n(x)$ で X の確率分布が $q(x)$ であるとき, 任意の有界かつ連続な関数 $F(x)$ について

$$\lim_{n \to \infty} \int F(x) q_n(x) dx = \int F(x) q(x) dx$$

が成り立つことである。

8.5.2 大数の法則と中心極限定理

ユークリッド空間 $\mathbb{R}^N$ に値をとる独立な確率変数 $X_1, X_2, ..., X_n$ が X と同じ確率分布に従うとする。

(1) X が有限な平均 $\mathbb{E}[X]$ をもつとき, $(X_1 + X_2 + \cdots + X_n)/n$ は定数 $\mathbb{E}[X]$ に確率収束する。このことを**大数の法則**(たいすうのほうそく)という。

(2) X が有限な分散共分散 $\mathbb{V}[X] = \mathbb{E}[XX^T] - \mathbb{E}[X]\mathbb{E}[X^T]$ をもつとする。

$$Y_n = \frac{1}{\sqrt{n}} \sum_{i=1}^{n} (X_i - \mathbb{E}[X]) \tag{8.3}$$

は，平均が 0 で分散共分散行列が $V[X]$ の正規分布に従う確率変数に法則収束する．このことを**中心極限定理**という．

8.5.3 経験過程

ユークリッド空間 $\mathbb{R}^N$ に値をとる独立な確率変数 $X_1, X_2, ..., X_n$ が X と同じ確率分布に従うとする．パラメータの集合 $w \in W \in \mathbb{R}^d$ をコンパクト（有界閉集合）とする．$f(x, w)$ は $\mathbb{R}^N \times W$ から $\mathbb{R}^1$ への関数とする．

(1) 条件
$$\mathbb{E}_X[\sup_{w \in W} |f(X, w)|] < \infty, \qquad \mathbb{E}_X[\sup_{w \in W} |\nabla_w f(X, w)|] < \infty$$
が成り立つと仮定する．このとき，任意の $\epsilon > 0$ について
$$\sup_{w \in W} \left| \frac{1}{n} \sum_{i=1}^n f(X_i, w) - \mathbb{E}_X[f(X, w)] \right| < \epsilon \tag{8.4}$$
が成り立つ確率は 1 に収束する．このことを関数空間上の大数の法則ということがある．

(2) 集合 W 上の関数で確率的に変動するもの $\xi(w)$ が，平均関数 $m(w)$ と相関関数 $\rho(w, w')$ をもつ**正規確率過程**であるとは，各 w ごとに $\xi(w)$ が正規分布に従う確率変数であり
$$m(w) = \mathbb{E}_\xi[\xi(w)], \qquad \rho(w, w') = \mathbb{E}_\xi[\xi(w)\xi(w')]$$
が成り立つことである．ここで $\mathbb{E}_\xi[\ ]$ は，確率過程 ξ についての平均を表している．コンパクト集合上の正規確率過程は，平均関数と相関関数が決まるとユニークに定まることが知られている．つぎに
$$\mathbb{E}_X[\sup_{w \in W} |(f(X, w) - \mathbb{E}_X[f(X, w)])|^\alpha] < \infty, \tag{8.5}$$
$$\mathbb{E}_X[\sup_{w \in W} |\nabla_w (f(X, w) - \mathbb{E}_X[f(X, w)])|^\alpha] < \infty \tag{8.6}$$
が $\alpha = 2$ で成り立つと仮定する．
$$Y_n(w) = \frac{1}{\sqrt{n}} \sum_{i=1}^n (f(X_i, w) - \mathbb{E}_X[f(X, w)])$$

は平均が 0 で相関関数が

$$\rho(w,w') = \mathbb{E}_X[f(X,w)f(X,w')] - \mathbb{E}_X[f(X,w)]\mathbb{E}_X[f(X,w')]$$

の正規確率過程 $Y(w)$ に法則収束する。ここで確率過程 $Y_n(w)$ が確率過程 $Y(w)$ に法則収束するとは，有界連続な汎関数 $F(\ )$ について

$$\lim_{n\to\infty} \mathbb{E}[F(Y_n)] = \mathbb{E}_Y[F(Y)]$$

が成り立つということである。なお，汎関数 $F(\ )$ が連続であるとは

$$\lim_{n\to\infty} \sup_{w\in W} |f_n(w) - f(w)| \to 0 \Longrightarrow \lim_{n\to\infty} F(f_n) = F(f)$$

が成り立つことである。このような形の定理を関数空間上の中心極限定理といい，確率過程 $Y_n(w)$ のことを **経験過程** という。また，上記に加えて，ある $\delta > 0$ について $\alpha = 2 + \delta$ で条件 (8.5) が成り立てば

$$\lim_{n\to\infty} \mathbb{E}[\sup_{w\in W} |Y_n(w)|^2] = \mathbb{E}_Y[\sup_{w\in W} |Y(w)|^2] \tag{8.7}$$

が成り立つ。

注意 74

(1) ある集合 W の各点の上で定義された確率変数 $g(w)$ があるとき，$g(w)$ は W 上の確率過程として一意に拡張できることが知られている（**コルモゴロフの拡張定理**）。中心極限定理から $Y_n(w)$ は各点ごとに $Y(w)$ に法則収束する。正規確率過程 $Y(w)$ はユニークである。しかしながら，収束 $Y_n(w) \to Y(w)$ が一様であるかどうかわからない。経験過程の定理は，ある条件下で Y_n が Y に一様に収束することを述べており，統計的推測の理論をつくるうえできわめて重要である。

(2) ここでは簡単のため W をコンパクトと仮定し，条件式 (8.5), (8.6) を仮定したが，より一般的な仮定の下で経験過程が正規確率過程に法則収束することを示すことができる場合がある[23]。ただし関数の挙動がパラメー

タに関して一様性をもたない場合，例えば $f(x,a) = \sin(ax)$ $(a \in \mathbb{R})$ のような場合には上記の性質が成立しないことがあるので注意が必要である。一般の確率モデルでパラメータが無限遠点を含んでいるとき，無限遠点は解析的特異点であることが多く，パラメータの一様性が失われて経験過程の収束の議論ができなくなるケースがしばしば生じる。

(3) 3章の理論をつくるときは，最適なパラメータが一つ w_0 であることから経験過程の議論は必ずしも必要でないところがあるが，4章では最適なパラメータの集合が広がりをもっているので，経験過程の議論がどうしても必要である。

引用・参考文献

1) Akaike, H.：Likelihood and Bayes Procedure, Bayesian Statistics, University Press, Valencia, 143-166 (1980)
2) Aoyagi, M. and Watanabe, S.：Stochastic complexities of reduced rank regression in Bayesian estimation, Neural Networks, 18(7), 924-933 (2005)
3) Atiyah, M.F.：Resolution of singularities and division of distributions, Communications of Pure and Applied Mathematics, 13, 145-150 (1970)
4) Bernstein, I.N.：The analytic continuation of generalized functions with respect to a parameter, Functional Analysis and Applications, 6, 26-40 (1972)
5) ビショップ, C.M.：パターン認識と機械学習（上・下），シュプリンガー (2007)
6) Drton, M., Sturmfels, B. and Sullivant, S.：Lectures on Algebraic Statistics, BirkHauser (2009)
7) Duane, S. and Kogut, J.B.：Hybrid stochastic differential equations applied to quantum chromodynamics, Physical Review Letters, 55(25), 2774-2777 (1985)
8) ゲルファント, I.M., シーロフ, G.E.：超関数論入門 I, II, 共立出版 (1963)
9) Gelman, A., Carlin, J.B., Stern, H.S. and Rubin, D.B.：Bayesian data analysis, Chapman & Hall CRC, Boca Raton (2004)
10) Good, I.J.：The estimation of probabilities: An essay on modern Bayesian methods, MIT Press (1965)
11) Hironaka, H.：Resolution of singularities of an algebraic variety over a field of characteristic zero, Annals of Mathematics, 79, 109-326 (1964)
12) 石井志保子：特異点論，シュプリンガー (1997)
13) 伊庭幸人：ベイズ統計と統計物理，岩波書店 (2003)
14) 樺島祥介：学習と情報の平均場理論，岩波書店 (2002)
15) Kashiwara, M.：B-functions and holonomic systems, Inventiones Mathematicae, 38, 33-53 (1976)
16) ランダウ, L.D., リフシッツ, E.M.：力学，東京図書 (1986)
17) Nagata, K. and Watanabe, S.：Asymptotic behavior of exchange ratio in

exchange Monte Carlo method, Neural Networks, 21(7), 980-988 (2008)
18) Spiegelhalter, D.J., Best, N.G., Carlin, B.P. and Linde, A.：Bayesian measures of model complexity and fit, Journal of Royal Statistical Society B, 64(4), 583-639 (2002)
19) Swendsen, R.H. and Wang, J.S.：Replica Monte Carlo simulation of spin glasses, Physical Review Letters, 57, 2607-2609 (1986)
20) 田邉國士：帰納推論と経験ベイズ法，階層ベイズモデルとその周辺，235-252，岩波書店 (2004)
21) 田崎晴明：統計力学 I, II, 培風館 (2008)
22) 上野健爾：代数幾何入門，岩波書店 (1995)
23) Van der Vaart, A.W. and Wellner, J.A.：Weak Convergence and Empirical Processes, Springer (1996)
24) Watanabe, K. and Watanabe, S.：Stochastic complexities of gaussian mixtures in variational bayesian approximation, Journal of Machine Learning Research, 7, 625-644 (2006)
25) Watanabe, S.：Algebraic geometry and statistical learning theory, Cambridge University Press, Cambridge (2009)
26) Watanabe, S.：Algebraic analysis for nonidentifiable learning machines, Neural Computation, 13(4), 899-933 (2001)
27) Watanabe, S.：Asymptotic learning curve and renormalizable condition in statistical learning theory, Journal of Physics Conference Series, 233(1), 012014, doi: 10.1088/1742-6596/233/1/012014 (2010)
28) Watanabe, S.：A limit theorem in singular regression problem, Advanced Studies of Pure Mathematics, 57, 473-492 (2010)
29) Watanabe, S.：Asymptotic equivalence of Bayes cross validation and widely applicable information criterion in singular learning theory, Journal of Machine Learning Research, 11, 3571-3591 (2010)
30) 渡辺澄夫：実現可能でなく正則でない場合の学習理論，電子情報通信学会 NC 研究会，NC2011-24, 19-24 (2011)
31) 渡辺澄夫：代数幾何と学習理論，森北出版 (2006)
32) Yamazaki, K. and Watanabe, S.：Singularities in mixture models and upper bounds of stochastic complexity, Neural Networks, 16(7), 1029-1038 (2003)
33) 吉永悦男，泉　脩蔵，福井敏純：解析関数と特異点，共立出版 (2002)

章末問題解答

1章

【1】 関数
$$L_n(w) = -\frac{1}{n}\sum_{i=1}^n \log p(X_i|w)$$
を定義し $L_n(w)$ を最小にするパラメータを $\hat{w}$ とする。

$$F_n(\beta)$$
$$= -\frac{1}{\beta}\log \int \exp(-\beta n L_n(w))\varphi(w)dw$$
$$\geqq -\frac{1}{\beta}\log \int \exp(-\beta n L_n(\hat{w}))\varphi(w)dw = nL_n(\hat{w}).$$

一方，$nL_n(w) < nL_n(\hat{w}) + \epsilon$ を満たす w の領域を $W(\epsilon)$ とすると

$$F_n(\beta)$$
$$\leqq -\frac{1}{\beta}\log \int_{W(\epsilon)} \exp(-\beta n L_n(w))\varphi(w)dw$$
$$\leqq nL_n(\hat{w}) + \epsilon - \frac{1}{\beta}\log \int_{W(\epsilon)} \varphi(w)dw.$$

まず $\epsilon > 0$ を十分小さくとってから $\beta \to \infty$ を考えると，この値はいくらでも $nL_n(\hat{w})$ に近づく。

【2】 問題【1】と同じ $L_n(w)$ を用いる。$\hat{L}(w) = L_n(w) - L(w)$ とおくと $\mathbb{E}[\hat{L}(w)] = 0$ である。

$$F_n(\beta)$$
$$= -\frac{1}{\beta}\log \int \exp(-\beta n L_n(w))\varphi(w)dw$$
$$= -\frac{1}{\beta}\log \frac{\int \exp(-\beta n \hat{L}(w))\exp(-n\beta L(w))\varphi(w)dw}{\int \exp(-n\beta L(w))\varphi(w)dw}$$
$$\quad - \frac{1}{\beta}\log \int \exp(-n\beta L(w))\varphi(w)dw.$$

ここで最後の式の第1項は $\exp(-n\hat{L}(w))$ に平均操作をしたものと見なせるので,Jensen の不等式を用いた後 $\mathbb{E}[\ ]$ の平均をとるとこの項は 0 以下であることがわかる。

【3】 共役事前分布は $\phi=(\phi_1,\phi_2,\phi_3)$ として

$$\varphi(m,s|\phi)=\frac{1}{z(\phi)}\exp\Big(-\frac{s}{2}\phi_1+ms\phi_2-\Big(\frac{m^2s}{2}-\frac{1}{2}\log s\Big)\phi_3\Big)$$

となる。これを書き換えると

$$\varphi(m,s|\phi)=\frac{1}{z(\phi)}s^{\phi_3/2}\exp\Big(-\frac{s}{2}\Big(\phi_3\Big(m-\frac{\phi_2}{\phi_3}\Big)^2+\frac{\phi_1\phi_3-\phi_2^2}{\phi_3}\Big)\Big)$$

となる。これは

$$\phi_3>0,\quad \phi_1\phi_3-\phi_2^2>0$$

のとき,m についての正規分布で s についてのガンマ分布であり

$$z(\phi)=\frac{2\sqrt{\pi}(2\phi_3)^{\phi_3/2}}{(\phi_1\phi_3-\phi_2^2)^{(\phi_3+1)/2}}\Gamma\Big(\frac{1}{2}(\phi_3+1)\Big)$$

である。

2章

【1】 式 (1.24) の予測分布の計算において $p(x|w)$ の代わりに $p(x|w)^\alpha$ を用いればよい。

$$\hat{\phi}=\phi+\beta\sum_{i=1}^n g(X_i)$$

を用いて

$$\mathcal{G}_n(\alpha)=\mathbb{E}_X\Big[\log\Big(v(X)^\alpha\frac{z(\hat{\phi}+\alpha g(X))}{z(\hat{\phi})}\Big)\Big]$$
$$=\alpha\mathbb{E}_X[\log v(X)]+\mathbb{E}_X[\log z(\hat{\phi}+\alpha g(X))]-\log z(\hat{\phi}).$$

また

$$\mathcal{T}_n(\alpha)=\frac{1}{n}\sum_{i=1}^n\log\Big(v(X_i)^\alpha\frac{z(\hat{\phi}+\alpha g(X_i))}{z(\hat{\phi})}\Big)$$
$$=\alpha\frac{1}{n}\sum_{i=1}^n\log v(X_i)+\frac{1}{n}\sum_{i=1}^n\log z(\hat{\phi}+\alpha g(X_i))-\log z(\hat{\phi})$$

である。指数型分布では関数 $z(\phi)$ は具体的に計算できるので,以上から汎化損失と経験損失のキュムラントが計算できた。

【2】 まず $z(\phi_1, \phi_2)$ は

$$z(\phi_1, \phi_2) = \left(\frac{2\pi}{\phi_2}\right)^{N/2} \exp\left(\frac{\|\phi_1\|^2}{2\phi_2}\right)$$

である。また

$$\hat{\phi}_1 = \phi_1 + \beta \sum_{i=1}^n X_i, \qquad \hat{\phi}_2 = \phi_2 + \beta n$$

である。前問の結果を用いて

$$\mathcal{G}_n(\alpha) = -\alpha\left(\frac{N}{2}\log(2\pi) + \frac{N}{2}\right) + \frac{N}{2}\log\frac{\hat{\phi}_2}{\hat{\phi}_2 + \alpha}$$
$$+ \frac{1}{2(\hat{\phi}_2 + \alpha)}(\|\hat{\phi}_1 + \alpha w_0\|^2 + \alpha^2 N) - \frac{1}{2(\hat{\phi}_2)}\|\hat{\phi}_1\|^2,$$

$$\mathbb{E}[\mathcal{G}_n(\alpha)] = -\alpha\left(\frac{N}{2}\log(2\pi) + \frac{N}{2}\right) + \frac{N}{2}\log\frac{\hat{\phi}_2}{\hat{\phi}_2 + \alpha}$$
$$+ \frac{1}{2(\hat{\phi}_2 + \alpha)}(\|\phi_1 + \beta n w_0 + \alpha w_0\|^2 + (\alpha^2 + n\beta^2)N)$$
$$- \frac{1}{2(\hat{\phi}_2)}(\|\phi_1 + \beta n w_0\|^2 + n\beta^2 N).$$

汎化損失の平均は $\mathbb{E}[G] = -\mathbb{E}[\mathcal{G}_n(1)]$ である。

3章

【1】 正規分布は平均と分散共分散が決まればユニークに決まる。事後分布が正規分布で近似できるときには事後分布の平均と分散共分散がわかれば十分である。事後分布が正規分布であれば最尤推定量と事後分布の平均値との差は $o_p(1/\sqrt{n})$ であるから最尤推定量とその点での分散共分散がわかれば事後分布が特定できる。正規分布では積分計算が容易であるから自由エネルギーその他の値が計算できる。

【2】 まずギブス推測の汎化損失は

$$\mathbb{E}_w[L(w)] = L(w_0) + \mathbb{E}[\mathbb{E}_w[K(w)]]$$

であるから,これは $\mathcal{G}'_n(0)$ と同じである。したがって定理3の証明から,この値は

$$L(w_0) + \frac{d}{2n\beta} + \frac{1}{2n}\|\xi_n\|^2 + o_p\left(\frac{1}{n}\right)$$

であり，その平均値は

$$L(w_0) + \frac{d}{2n\beta} + \frac{1}{2n}\mathrm{tr}(IJ^{-1}) + o\Big(\frac{1}{n}\Big)$$

である．つぎにギブス推測の経験損失は

$$\mathbb{E}_w[\,L_n(w)\,] = L_n(w_0) + \mathbb{E}_w[K_n(w)]$$

であるから，これは $\mathcal{T}_n'(0)$ と同じである．したがって定理3の証明から，この値は

$$L_n(w_0) + \frac{d}{2n\beta} - \frac{1}{2n}\|\xi_n\|^2 + o_p\Big(\frac{1}{n}\Big)$$

であり，その平均値は

$$L(w_0) + \frac{d}{2n\beta} - \frac{1}{2n}\mathrm{tr}(IJ^{-1}) + o\Big(\frac{1}{n}\Big)$$

である．事後分布が正規分布で近似できるとき，ギブス推測はベイズ推測より，汎化損失も経験損失も $\mathrm{tr}(IJ^{-1})/(2n\beta)$ だけ大きい．またギブス推測も $\beta \to \infty$ とすれば最尤推測と同じになる．

【3】$\mathbb{E}_X[\ ] = \int (\ )q_0(x)dx$ の表記を用いる．まず

$$-\log p(y|x,a,b) = \frac{1}{2\sigma^2}(y - ax - b)^2 + 定数$$

であるから

$$I(a_0, b_0) = \frac{1}{\sigma^4}\begin{pmatrix} \mathbb{E}_X[X^2] & \mathbb{E}_X[X] \\ \mathbb{E}_X[X] & 1 \end{pmatrix}$$
$$+ \frac{1}{\sigma^4}\begin{pmatrix} \mathbb{E}_X[X^2(r_0(X) - a_0 X - b_0)^2] & \mathbb{E}_X[X(r_0(X) - a_0 X - b_0)^2] \\ \mathbb{E}_X[X(r_0(X) - a_0 X - b_0)^2] & \mathbb{E}_X[(r_0(X) - a_0 X - b_0)^2] \end{pmatrix}.$$

また

$$J(a_0, b_0) = \frac{1}{\sigma^2}\begin{pmatrix} \mathbb{E}_X[X^2] & \mathbb{E}_X[X] \\ \mathbb{E}_X[X] & 1 \end{pmatrix}$$

もしも $\sigma^2 = 1$ で $r_0(x) = a_0 x + b_0$ であるときには $I(a_0, b_0)$ と $J(a_0, b_0)$ は等しいが一般にはそうではない．I と J の差は $r_0(x) - a_0 x - b_0$ で決まる．

4章

【1】 まずギブス推測の汎化損失は

$$\mathbb{E}_w[\,L(w)\,] = L(w_0) + \mathbb{E}[\,\mathbb{E}_w[K(w)]\,]$$

であるから,これは $\mathcal{G}'_n(0)$ と同じである.したがって定理 12 の証明から,この値は

$$L(w_0) + \frac{1}{n}\langle t \rangle = L(w_0) + \frac{1}{n}\Big(\frac{\lambda}{\beta} + \frac{1}{2}\langle \sqrt{t}\xi_n(u)\rangle\Big)$$

であり,その平均値は

$$L(w_0) + \frac{\lambda}{n\beta} + \frac{\nu}{n} + o\Big(\frac{1}{n}\Big)$$

である.つぎにギブス推測の経験損失は

$$\mathbb{E}_w[\,L_n(w)\,] = L_n(w_0) + \mathbb{E}_w[K_n(w)]$$

であるから,これは $\mathcal{T}'_n(0)$ と同じである.したがって定理 12 の証明から,この値は

$$L_n(w_0) + \frac{1}{n}\Big(\frac{\lambda}{\beta} - \Big\langle \frac{1}{2}\sqrt{t}\xi_n(u)\Big\rangle\Big)$$

であり,その平均値は

$$L(w_0) + \frac{\lambda}{n\beta} - \frac{\nu}{n} + o\Big(\frac{1}{n}\Big)$$

である.一般の場合には,ギブス推測はベイズ推測より,汎化損失も経験損失も $\nu/(n\beta)$ だけ大きい.またギブス推測も $\beta \to \infty$ における汎化誤差は最尤推定の汎化誤差にならない.

【2】 確率モデルに対して真の分布が正則であるときには最適なパラメータは一つ w_0 である.一般性を失うことなく $w_0 = 0$ と仮定してよい.平均誤差関数 $K(w)$ について $\nabla^2 K(w_0)$ の固有値は正である.したがってその最小固有値を $c_1 > 0$,最大固有値を $c_2 > 0$ とすると

$$c_1\|w\|^2 \leq K(w) \leq c_2\|w\|^2$$

が成り立つから,実対数閾値と多重度を求めるためには

$$K(w) = \|w\|^2 = w_1^2 + \cdots + w_d^2$$

の場合を考えれば十分である。

$$w_1 = u_1, \quad w_2 = u_1 u_2, \quad \cdots = \cdots, \quad w_d = u_1 u_d$$

という変換を行う。$u_2, ..., u_d$ について考えても対称性から同じになる。

$$K(w) = u_1^2(1 + u_2^2 + \cdots + u_d^2)$$

であり，この変換のヤコビアンは $|u_1|^{d-1}$ である。したがってゼータ関数は

$$\zeta(z) = \int u_1^{2z+d-1}(1 + u_2^2 + \cdots + u_d^2)^z du_1 \cdots du_d$$

である。これより最大極は $(-d/2)$ でその位数は 1 である。

【3】 平均誤差関数は

$$K(a, b) = a^2 \|b\|^2$$

であるから，分配関数を平均化したものは

$$F_n(1, \theta) = -\log \int_{-10}^{10} da \int_{\|b\|<10} db \exp(-na^2\|b\|^2)|a|^{\theta-1}.$$

これは例 19 と実質的に同じであり，同じ相転移が見られる。

5 章

【1】 変分ベイズ法の導出で述べたように $P = P(x^n, y^n, w)$ の同時分布は

$$P \propto \prod_{k=1}^{K} \frac{(a_k)^{\phi_k-1}}{z(\eta_k)} \exp(f(b_k) \cdot \eta_k)$$
$$\times \prod_{i=1}^{n} v(x_i) \prod_{k=1}^{K} (a_k)^{y_{ik}} \exp(y_{ik} f(b_k) \cdot g(x_i))$$

という形をしている。サンプル x^n が与えられて固定されたとき，この分布から (a_k, b_k) を固定して y^n をサンプルするプロセスと，つぎに y^n を固定して (a_k, b_k) をサンプルするプロセスを用いてギブスサンプリングを行うとよい。

【2】 まず

$$f(t) = \int_0^\infty da_1 \cdots \int_0^\infty da_K \prod_{k=1}^{K}(a_k)^{\phi_k-1} \delta\left(t - \sum_{k=1}^{K} a_k\right)$$

とおくと $Z(\phi) = f(1)$ である。一方，$p = \Gamma(\phi_1 + \cdots + \phi_K)$ とおくと

$$\int_0^\infty f(t)e^{-\beta t}dt = \frac{1}{\beta^p}\prod_{k=1}^K \Gamma(\phi_k)$$

である。一方

$$\int_0^\infty t^{p-1}e^{-\beta t}dt = \frac{1}{\beta^p}\Gamma(p)$$

であることとラプラス変換が 1 対 1 であることから $f(t)$ が得られる。そこで $t=1$ とおくと式 (5.10) が得られる。つぎに $\phi = (\phi_1, ..., \phi_j, ..., \phi_K)$ の j 番目の値だけに 1 を加えたものを $\phi^{(j)}$ と書くと

$$\int a_j \mathrm{Dir}(a|\phi)da = \frac{Z(\phi^{(j)})}{Z(\phi)}$$

これとガンマ関数の性質 $\Gamma(x) = x\Gamma(x-1)$ から式 (5.11) が得られる。最後に

$$\frac{\partial}{\partial \phi_j}\log Z(\phi) = \int (\log a_j)\mathrm{Dir}(a|\phi)da$$

から式 (5.12) が得られる。

【3】 M 次元の x, m について

$$\exp\left(-\frac{1}{2\sigma^2}\|x-m\|^2\right) = \exp\left(-\frac{\|x\|^2}{2\sigma^2}\right)\exp\left(\frac{x\cdot m}{\sigma^2} - \frac{\|m\|^2}{2\sigma^2}\right)$$

であるから, 混合正規分布の k 番目のコンポーネントを $v(x)\exp(f(b_k)\cdot g(x))$ とすると

$$v(x) = \frac{1}{(2\pi\sigma^2)^{M/2}}\exp\left(-\frac{\|x\|^2}{2\sigma^2}\right),$$
$$f(b_k) = \left(\frac{m_k}{\sigma^2}, -\frac{\|m_k\|^2}{2\sigma^2}\right), \qquad g(x) = (x, 1)$$

である。混合比についての共役な事前分布 $\varphi_1(a|\phi)$ は一般の混合指数型分布の場合と同じで $\varphi_2(m|\eta)$ は

$$\eta_k = (\eta_{k1}, \eta_{k2}) \in \mathbb{R}^M \times \mathbb{R}^1$$

として

$$\varphi_2(m|\eta) = \prod_{k=1}^k \frac{1}{z(\eta_k)}\exp\left(\frac{\eta_{k1}\cdot m_k}{\sigma^2} - \frac{\eta_{k2}\|m_k\|^2}{2\sigma^2}\right)$$

であるから

である。

$$z(\eta_k) = \left(\frac{2\pi\sigma^2}{\eta_{k2}}\right)^{M/2} \exp\left(\frac{\|\eta_{k1}\|^2}{2\sigma^2 \eta_{k2}}\right)$$

である。これより

$$\frac{\partial}{\partial \eta_k} \log z(\eta_k) \cdot g(x_i) = \frac{\eta_{k1} \cdot x_i}{\sigma^2 \eta_{k2}} - \frac{M}{2\eta_{k2}} - \frac{\|\eta_{k1}\|^2}{2\sigma^2(\eta_{k2})^2}.$$

以上より式 (5.21), (5.22) は

$$\hat{\phi}_k = \sum_{i=1}^n \hat{y}_{ik} + \phi_k, \quad \hat{\eta}_{k1} = \sum_{i=1}^n \hat{y}_{ik} x_i + \eta_{k1}, \quad \hat{\eta}_{k2} = \sum_{i=1}^n \hat{y}_{ik} + \eta_{k2}$$

であり, L_{ik} を計算して, k に依存しない項を取り除くと

$$L_{ik} = \psi(\hat{\phi}_k) - \psi\left(n + \sum_{k=1}^K \phi_k\right) - \frac{M}{2\hat{\eta}_{k2}} - \frac{1}{2\sigma^2}\left\|\frac{\hat{\eta}_{k1}}{\hat{\eta}_{k2}} - x_i\right\|^2$$

となる。

$$\hat{y}_{ik} = \frac{\exp(L_{ik})}{\sum_{k=1}^K \exp(L_{ik})}$$

によって変分ベイズ法をつくることができた。

6 章

【1】 $\beta \to \infty$ においては事後分布は最尤推定量を $\hat{w}$ としたときの $\delta(w - \hat{w})$ に収束する。$C1$ と $C2$ は値としてまったく同じであり, どちらも最尤推測のクロスバリデーションに収束する。WAIC については $V_n \to 0$ であることより, 最尤推測の経験損失に収束する。したがって, クロスバリデーションと WAIC は逆温度を無限大にする極限（低温極限という）では収束先が異なる。

【2】

$$g = \frac{1}{\sqrt{n}} \sum_{i=1}^n X_i$$

とおく。

$$L(X^n) = \frac{\frac{1}{\sqrt{2\pi}} \int da \exp\left(-\frac{1}{2}\sum_{i=1}^n (X_i - a)^2 - \frac{(a-m)^2}{2}\right)}{\exp\left(-\frac{1}{2}\sum_{i=1}^n X_i^2\right)}$$

$$= \frac{1}{\sqrt{2\pi}} \int da \exp\left(-\frac{n+1}{2}a^2 + a(\sqrt{n}g + m) - \frac{m^2}{2}\right)$$
$$= \frac{1}{\sqrt{n+1}} \exp\left(\frac{(\sqrt{n}g + m)^2}{n+1} - \frac{m^2}{2}\right).$$

これより棄却域はパラメータ $b > 0$ を用いて

$$(\sqrt{n}g + m)^2 > nb^2$$

と表される。すなわち

$$-\frac{m}{\sqrt{n}} - b < g < -\frac{m}{\sqrt{n}} + b$$

有意水準 0.05 に対する b は

$$\int_{-b-m/\sqrt{n}}^{b-m/\sqrt{n}} \frac{1}{\sqrt{2\pi}} \exp\left(-\frac{x^2}{2}\right) dx = 0.05$$

から定まる。

7章

【1】確率モデルが正しいかどうかを考え始めると問題が発散してしまうように感じられるため、確率モデルが正しいことは問題を考える前提であるとして、事前分布をうまく工夫しようというように考える人が多いからではないかと思います。あるいは確率モデルは数式として準備されていることが多い一方で、事前分布は必ずしも数式で与えられていないからかもしれません。

【2】人間は、確率分布 $p(x)$ によって定まる確率的現象は $p(x)$ の大小だけで定まると感じるものです。しかしながら、例えば $x \in \mathbb{R}^{10}$ において二つの正規分布の混合

$$p(x) \propto \exp\left(-\frac{\|x+100\|^2}{1}\right) + 1\,000 \exp\left(-\frac{\|x-100\|^2}{(0.1)^2}\right)$$

という確率分布を考えて見ましょう。$p(x)$ の大きさだけに着目するとその比は $1 : 1\,000$ なので、この分布はほとんど二つ目の分布でできているように見えるかもしれません。しかしながらそれぞれの分布を積分すると、確率の比は $1 : (0.1)^7$ なので、確率的にはほとんど一つ目の分布でできているといっていいのです。分布の大きさだけで推測する方法が事後確率最大化法であり、分布の確率で推測する方法がベイズ法です。すなわち前者はエネルギーだけで推測し、後者は自由エネルギーで推測するのです。そこにはエントロピーの効果の違いがあり、この違いは実は大きな差になって現れるのですが、このことはなかなか気づかれないことではないかと思います。

索　　引

【あ】
赤池情報量規準　　80

【い】
位相空間　　89
一次転移　　121

【え】
エントロピー　　8
エントロピー障壁の問題　　139

【か】
回帰関数　　207
　　――のベイズ推測　　164
解析多様体　　89
カイ二乗分布　　83
可解モデル　　12
過学習　　131
可　逆　　55
確率過程　　59
確率収束　　209
確率分布　　203
確率変数　　203
確率密度関数　　203
確率モデル　　3
隠れ変数　　155
カルバック・ライブラ情報量　　208

【き】
棄却域　　183

ギブス・サンプリング法　　141
ギブス推測　　86
ギブスの変分原理　　149
逆温度　　3
共役な事前分布　　12
行列式　　54

【く】
繰り込まれた事後分布　　113
クロスバリデーション　　176
クロスバリデーション損失　　177

【け】
経験過程　　211
経験誤差　　42
経験誤差関数　　41
　　――の標準形　　99
経験損失　　9, 40
　　――のキュムラント母関数　　44
経験対数損失関数　　40
経験二乗損失　　166
検出力　　183

【こ】
固有値　　55
固有ベクトル　　55
コルモゴロフの拡張定理　　211
混合指数型分布　　154

【さ】
最強力検定　　184
最尤推測　　16
最尤推定量　　16
座標近傍系　　89
サポート　　103
サンプル　　1

【し】
ジェフーズの事前分布　　169
次　元　　89
事後確率最大化推測　　16
事後確率最大化推定量　　16
事後微小積分　　67, 88
事後分布　　3
自己無矛盾条件　　151
指数型分布　　12
事前分布　　3
実現可能　　30
実質的にユニーク　　33
実対数閾値　　103, 108
自由エネルギー　　8, 40
周辺確率分布　　206
周辺尤度　　4
縮小ランク回帰モデル　　119
条件付き確率分布　　206
詳細釣合い条件　　136
状態密度　　100
　　――の漸近挙動　　104
真の分布　　2
　　――に対して最適なパラメータの集合　　32

【す】

推定量の一致性	72
スケーリング関係	113
スケーリング則	113

【せ】

正規確率過程	210
正規化された自由エネルギー	42
正規化された分配関数	42
正規交差特異点	92
正規分布	56, 204
正　則	32, 55
——の情報量規準	79
潜在変数	155

【そ】

相対エントロピー	208
相対的に有限な分散	35
相転移	121
相転移点	121
双有理不変量	108

【た】

台	103
対角行列	55
対称行列	55
対数周辺尤度	8
大数の法則	209
対数尤度比関数	35
多重指数	57
多重度	103
多様体	89

【ち】

中心極限定理	210
直交行列	55

【て】

ディリクレ分布	153
デルタ関数	204
転置行列	53

【と】

統計的学習	2
統計的推測	2
同時確率分布	206
特異点解消定理	91
特異点の解消	91
特異ゆらぎ	117
独　立	206
凸集合	205
トレース	53

【に】

二次転移	121

【ね】

ネイマン・ピアソンの補題	185

【は】

バーンイン	138
バイアス	169
ハイパーパラメータ	12
ハイブリッド・モンテカルロ法	140
ハウスドルフ空間	89
白色雑音	144
バリアンス	169
パワー	183
汎化誤差	42
汎化損失	9, 40
——のキュムラント母関数	44
汎化二乗誤差	164
汎化二乗損失	166
汎関数分散	114, 117

【ひ】

評価の双対性	161
広く使える情報量規準	118
広中の定理	91

【ふ】

フォッカー・プランク方程式	144
不良設定問題	194
分散共分散	205
分配関数	4
——の主要項	59
——の非主要項	59

【へ】

平　均	205
平均誤差関数	41
平均対数損失関数	31, 40
平均値の定理	58
平均場近似	150
平均場自由エネルギー	150
平均プラグイン推測	16
ベイズ情報量規準	78
ベイズ統計学の状態方程式	118
ベイズ統計の基礎定理	47
ベイズの定理	206
ヘルダーの不等式	205
偏差情報量規準	171
変分自由エネルギー	153
変分ベイズ法	16, 153, 159

【ほ】

法則収束	209
ポテンシャル障壁の問題	139

【ま】

マルコフ過程	136

【め】

メトロポリス法	137
メリン変換	104

【ゆ】

有意水準	183
尤度関数	16

【よ】

予測分布　　　　　　　　　5

【ら】

ランジュバン方程式　　　144

【り】

リープ・フロッグ法　　　141

【れ】

レプリカ交換法　　　147

レベル　　　　　　　　183

【A】

AIC　　　　　　　　80, 82

【B】

BIC　　　　　　　　78, 82

【D】

DIC　　　　　　　　　171

【R】

RIC　　　　　　　　　53

【T】

TIC　　　　　　　　　79

【W】

WAIC　　　　　　　　118

【数字】

1 の分割　　　　　　　96

―― 著者略歴 ――
1982年 東京大学理学部物理学科卒業
2001年 東京工業大学教授
　　　 現在に至る

ベイズ統計の理論と方法
Theory and Method of Bayes Statistics　　　　　　Ⓒ Sumio Watanabe 2012

2012 年 4 月12日 初版第 1 刷発行
2017 年11月15日 初版第 6 刷発行

	著　者	渡　辺　澄　夫
検印省略	発行者	株式会社　コロナ社
		代表者　牛来真也
	印刷所	三美印刷株式会社
	製本所	有限会社　愛千製本所

112–0011 東京都文京区千石 4-46-10
発行所　株式会社　コ ロ ナ 社
CORONA PUBLISHING CO., LTD.
Tokyo Japan

振替 00140-8-14844・電話(03)3941-3131(代)
ホームページ　http://www.coronasha.co.jp

ISBN 978–4–339–02462–3　C3041　Printed in Japan　　　　（金）

＜出版者著作権管理機構　委託出版物＞
本書の無断複製は著作権法上での例外を除き禁じられています。複製される場合は、そのつど事前に、出版者著作権管理機構（電話 03-3513-6969、FAX 03-3513-6979、e-mail: info@jcopy.or.jp）の許諾を得てください。

本書のコピー、スキャン、デジタル化等の無断複製・転載は著作権法上での例外を除き禁じられています。購入者以外の第三者による本書の電子データ化及び電子書籍化は、いかなる場合も認めていません。
落丁・乱丁はお取替えいたします。

電子情報通信レクチャーシリーズ

■電子情報通信学会編　　　（各巻B5判）

共　通

番号	配本順	タイトル	著者	頁	本体
A-1	(第30回)	電子情報通信と産業	西村吉雄著	272	4700円
A-2	(第14回)	電子情報通信技術史 —おもに日本を中心としたマイルストーン—	「技術と歴史」研究会編	276	4700円
A-3	(第26回)	情報社会・セキュリティ・倫理	辻井重男著	172	3000円
A-4		メディアと人間	原島博/北川高嗣 共著		
A-5	(第6回)	情報リテラシーとプレゼンテーション	青木由直著	216	3400円
A-6	(第29回)	コンピュータの基礎	村岡洋一著	160	2800円
A-7	(第19回)	情報通信ネットワーク	水澤純一著	192	3000円
A-8		マイクロエレクトロニクス	亀山充隆著		
A-9		電子物性とデバイス	益一哉/天川修平 共著		

基　礎

番号	配本順	タイトル	著者	頁	本体
B-1		電気電子基礎数学	大石進一著		
B-2		基礎電気回路	篠田庄司著		
B-3		信号とシステム	荒川薫著		
B-5	(第33回)	論理回路	安浦寛人著	140	2400円
B-6	(第9回)	オートマトン・言語と計算理論	岩間一雄著	186	3000円
B-7		コンピュータプログラミング	富樫敦著		
B-8		データ構造とアルゴリズム	岩沼宏治他著	近刊	
B-9		ネットワーク工学	仙田正和/石村裕介/中野敬 共著		
B-10	(第1回)	電磁気学	後藤尚久著	186	2900円
B-11	(第20回)	基礎電子物性工学 —量子力学の基本と応用—	阿部正紀著	154	2700円
B-12	(第4回)	波動解析基礎	小柴正則著	162	2600円
B-13	(第2回)	電磁気計測	岩﨑俊著	182	2900円

基　盤

番号	配本順	タイトル	著者	頁	本体
C-1	(第13回)	情報・符号・暗号の理論	今井秀樹著	220	3500円
C-2		ディジタル信号処理	西原明法著		
C-3	(第25回)	電子回路	関根慶太郎著	190	3300円
C-4	(第21回)	数理計画法	山下信雄/福島雅夫 共著	192	3000円
C-5		通信システム工学	三木哲也著		
C-6	(第17回)	インターネット工学	後藤滋樹/外山勝保 共著	162	2800円
C-7	(第3回)	画像・メディア工学	吹抜敬彦著	182	2900円
C-8	(第32回)	音声・言語処理	広瀬啓吉著	140	2400円
C-9	(第11回)	コンピュータアーキテクチャ	坂井修一著	158	2700円

配本順			頁	本体
C-10		オペレーティングシステム		
C-11		ソフトウェア基礎	外山芳人著	
C-12		データベース		
C-13	(第31回)	集積回路設計	浅田邦博著	208	3600円
C-14	(第27回)	電子デバイス	和保孝夫著	198	3200円
C-15	(第8回)	光・電磁波工学	鹿子嶋憲一著	200	3300円
C-16	(第28回)	電子物性工学	奥村次徳著	160	2800円

展開

D-1		量子情報工学	山崎浩一著		
D-2		複雑性科学			
D-3	(第22回)	非線形理論	香田徹著	208	3600円
D-4		ソフトコンピューティング			
D-5	(第23回)	モバイルコミュニケーション	中川正雄・大槻知明共著	176	3000円
D-6		モバイルコンピューティング			
D-7		データ圧縮	谷本正幸著		
D-8	(第12回)	現代暗号の基礎数理	黒澤馨・尾形わかは共著	198	3100円
D-10		ヒューマンインタフェース			
D-11	(第18回)	結像光学の基礎	本田捷夫著	174	3000円
D-12		コンピュータグラフィックス			
D-13		自然言語処理	松本裕治著		
D-14	(第5回)	並列分散処理	谷口秀夫著	148	2300円
D-15		電波システム工学	唐沢好男・藤井威生共著		
D-16		電磁環境工学	徳田正満著		
D-17	(第16回)	VLSI工学 ―基礎・設計編―	岩田穆著	182	3100円
D-18	(第10回)	超高速エレクトロニクス	中村徹・三島友義共著	158	2600円
D-19		量子効果エレクトロニクス	荒川泰彦著		
D-20		先端光エレクトロニクス			
D-21		先端マイクロエレクトロニクス			
D-22		ゲノム情報処理	高木利久・小池麻子編著		
D-23	(第24回)	バイオ情報学 ―パーソナルゲノム解析から生体シミュレーションまで―	小長谷明彦著	172	3000円
D-24	(第7回)	脳工学	武田常広著	240	3800円
D-25	(第34回)	福祉工学の基礎	伊福部達著	236	4100円
D-26		医用工学			
D-27	(第15回)	VLSI工学 ―製造プロセス編―	角南英夫著	204	3300円

定価は本体価格+税です。
定価は変更されることがありますのでご了承下さい。

図書目録進呈◆

コンピュータサイエンス教科書シリーズ

(各巻A5判)

■編集委員長　曽和将容
■編集委員　　岩田　彰・富田悦次

配本順		著者	頁	本体
1.（8回）	情報リテラシー	立花 康夫／曽和将容／春日秀雄 共著	234	2800円
2.（15回）	データ構造とアルゴリズム	伊藤大雄 著	228	2800円
4.（7回）	プログラミング言語論	大山口通夫／五味弘 共著	238	2900円
5.（14回）	論理回路	曽和将容／範公可 共著	174	2500円
6.（1回）	コンピュータアーキテクチャ	曽和将容 著	232	2800円
7.（9回）	オペレーティングシステム	大澤範高 著	240	2900円
8.（3回）	コンパイラ	中田育男 監修／中井央 著	206	2500円
10.（13回）	インターネット	加藤聰彦 著	240	3000円
11.（4回）	ディジタル通信	岩波保則 著	232	2800円
12.	人工知能原理	加納政芳／山田雅之／遠藤守 共著	近刊	
13.（10回）	ディジタルシグナルプロセッシング	岩田彰 編著	190	2500円
15.（2回）	離散数学 —CD-ROM付—	牛島和夫 編著／相廣利雄／朝廣民一 共著	224	3000円
16.（5回）	計算論	小林孝次郎 著	214	2600円
18.（11回）	数理論理学	古川康一／向井国昭 共著	234	2800円
19.（6回）	数理計画法	加藤直樹 著	232	2800円
20.（12回）	数値計算	加古孝 著	188	2400円

以下続刊

3.	形式言語とオートマトン	町田元 著
9.	ヒューマンコンピュータインタラクション	田野俊一／高野健太郎 共著
14.	情報代数と符号理論	山口和彦 著
17.	確率論と情報理論	川端勉 著

定価は本体価格+税です。
定価は変更されることがありますのでご了承下さい。

図書目録進呈◆